IT Text 情報処理学会 編集

オペレーティングシステム 改訂2版

野口健一郎
光来健一　共著
品川高廣

Ohmsha

情報処理学会教科書編集委員会

編集委員長　阪田　史郎（東京大学）
編集幹事　　菊池　浩明（明治大学）
編集委員　　石井　一夫（公立諏訪東京理科大学）
（五十音順）　岩﨑　英哉（明治大学）
　　　　　　小林　健一（富士通株式会社）
　　　　　　駒谷　昇一（奈良女子大学）
　　　　　　斉藤　典明（東京通信大学）
　　　　　　髙橋　尚子（國學院大學）
　　　　　　辰己　丈夫（放送大学）
　　　　　　田名部元成（横浜国立大学）
　　　　　　中島　　毅（芝浦工業大学）

（令和6年7月現在）

本書に掲載されている会社名・製品名は，一般に各社の登録商標または商標です．

本書を発行するにあたって，内容に誤りのないようできる限りの注意を払いましたが，本書の内容を適用した結果生じたこと，また，適用できなかった結果について，著者，出版社とも一切の責任を負いませんのでご了承ください．

　本書は，「著作権法」によって，著作権等の権利が保護されている著作物です．
　本書の全部または一部につき，無断で次に示す〔　〕内のような使い方をされると，著作権等の権利侵害となる場合があります．また，代行業者等の第三者によるスキャンやデジタル化は，たとえ個人や家庭内での利用であっても著作権法上認められておりませんので，ご注意ください．
　　　〔転載，複写機等による複写複製，電子的装置への入力等〕
　学校・企業・団体等において，上記のような使い方をされる場合には特にご注意ください．
　お問合せは下記へお願いします．
　　〒101-8460　東京都千代田区神田錦町 3-1　TEL.03-3233-0641
　　　株式会社**オーム**社編集局（著作権担当）

はしがき

　以前は計算機センタの奥に設置されていたコンピュータが，今や職場に，学校に，そして家庭にまで普及して，ひとりが1台のコンピュータを使うのがあたりまえになってきた．そして，コンピュータを動かすための基本のプログラムであるオペレーティングシステム（OS）も身近なものになった．

　しかし，オペレーティングシステムとは何か，それはどんな役割を持っているのか，そしてコンピュータの内部でどのような仕事をしているのかは，なかなかわかりにくい．オペレーティングシステムの本も数多く出版されているが，それらの多くは使い方の解説だけで，実際にオペレーティングシステムが何をしているのかがわからない．逆にオペレーティングシステムの教科書の多くは，内部的な原理の説明が主で，実際にオペレーティングシステムを使っている学生などからみてギャップがあるように思われる．

　本書は，オペレーティングシステムについてよりよく理解できるようにするために，構成および説明を工夫した．本書は次のような点を特徴としている．

1) オペレーティングシステムはそれを利用する人および利用するプログラムに対して一定の機能を提供するものである，という基本事項をまず理解できるようにした．そのために，利用者の操作のための機能であるユーザインタフェースと，プログラムから使うための機能であるプログラミングインタフェースについて，第2章および第3章で説明した．

2) オペレーティングシステムの主要な概念や動作原理については，基礎的な事項を，できるだけわかりやすく説明することを目指した．そして，オペレーティングシステムの本質的な役割はコンピュータシステムを抽象化することである，ということが理解されるようにした．ファイル，プロセス，仮想メモリな

どは，この見方をすることにより，その本質がよりよく理解できる．

3) オペレーティングシステムは実際にはコンピュータシステム内の特別なプログラムである．オペレーティングシステムが提供する機能，および行う制御は，プログラムの処理として実現されている．この理解を助けるために，内部の主要な処理を流れ図で説明した．

4) オペレーティングシステムにおけるネットワーク機能やセキュリティ機能の重要性が増してきているので，これらについてそれぞれ章を設けて説明した．また，コンピュータシステムの運用のための機能，オペレーティングシステムと性能，それにオペレーティングシステムの標準化についてもそれぞれ章を設けて解説し，オペレーティングシステムを幅広く理解し，また実際にオペレーティングシステムを利用するうえで役立つようにまとめた．

本書は，理工系の情報関連学部および学科の学生向けのオペレーティングシステムの教科書として使用できる．さらに，企業の技術者の研修用や自習用の教科書としても役立つ．授業で用いる場合は，章の順番を入れ替えたりしてもよいだろう．また，オペレーティングシステムの操作実習やプログラミング演習と組み合わせることにより，より教育効果をあげることができよう．

著者は永年オペレーティングシステムの開発や標準化に携わってきた．本書を通じて，より多くの学生や技術者がオペレーティングシステムに興味を持って，よい利用者やよい管理者になり，さらにオペレーティングシステムの開発を目指す人も出てくることを期待する．

なお，本書を著すにあたってお世話いただいた情報処理学会教科書編集委員会，原稿に貴重なご意見をいただいた同委員会編集委員でもある株式会社日立製作所今城哲二博士，同じくご意見をいただいた株式会社日立製作所小島富彦氏，ならびに出版にあたってお世話になったオーム社出版局に深く感謝します．

2002 年 8 月

野口　健一郎

改訂にあたって

　本書の初版が発行されてから15年以上が経過した．その間にオペレーティングシステムを取り巻く環境は大きく変化した．コンピュータはインターネットに接続されることが当たり前になり，スマートフォンやタブレットが普及して一人で一台以上のコンピュータを使うことも多くなった．それに伴い，オペレーティングシステムが果たすべき役割も少しずつ変化している．さらに，コンピュータの性能向上により，メインフレームで使われていた仮想化技術がパーソナルコンピュータでも使えるようになった．仮想マシンを使うことで，必要に応じてオペレーティングシステムを使い分けるといったことも簡単にできるようになった．

　このような現状をふまえて，改訂2版では次のような改訂を行った．まず，インターネットの利用を前提として，オペレーティングシステムの役割を説明するようにした．また，スマートフォンやタブレットなどの新しい端末や，ソリッドステートドライブ（SSD）などの新しい外部記憶装置とオペレーティングシステムの関わりについての記述を追加した．

　さらに，仮想化について説明する章を新たに設けた．ハードウェアの仮想化はオペレーティングシステムの役割でもあるが，この章ではハードウェアをより忠実に仮想化する仮想マシンを取り上げた．仮想マシンを実現するための仮想化技術として，プロセッサ仮想化，メモリ仮想化，入出力仮想化について詳説した．

　今回の改訂では，主として品川が全体を見直し，光来が仮想化に関する章を追加したこと以外は，初版（野口健一郎 著）の章・節の構成を踏襲している．

　最後に，本書の改訂にあたってお世話いただいた情報処理学会教科書編集委員会ならびにオーム社書籍編集局の皆様には深く感謝する．

2017年12月

光来　健一・品川　高廣

目次

第1章 オペレーティングシステムの役割
- 1.1 オペレーティングシステムとは …………………………… 1
- 1.2 オペレーティングシステムの役割 ………………………… 3
- 1.3 オペレーティングシステムが提供する機能 …………… 7
- 1.4 オペレーティングシステムが管理する資源 …………… 9
- 1.5 オペレーティングシステムの利用形態 ………………… 10
- 1.6 主なオペレーティングシステム ………………………… 15
- 演習問題 ……………………………………………………………… 19

第2章 オペレーティングシステムのユーザインタフェース
- 2.1 オペレーティングシステムの利用者 …………………… 21
- 2.2 グラフィカルユーザインタフェース …………………… 22
- 2.3 コマンド言語 ……………………………………………………… 26
- 演習問題 ……………………………………………………………… 30

第3章 オペレーティングシステムのプログラミングインタフェース
- 3.1 プログラミングインタフェースの目的 ………………… 31
- 3.2 プログラミングインタフェースの提供 ………………… 33
- 3.3 具体的な OS API …………………………………………………… 35
- 3.4 互換性と移植性 ………………………………………………… 40
- 演習問題 ……………………………………………………………… 42

第4章 オペレーティングシステムの構成

4.1 オペレーティングシステムのためのハードウェア機能 …………………………………………………… 43
4.2 割込みとマルチプログラミング …………………… 45
4.3 オペレーティングシステムの核：カーネル ………… 47
4.4 カーネルへの入口：割込み処理 …………………… 52
4.5 オペレーティングシステムのカーネル以外の部分 …… 53
演習問題 …………………………………………………… 54

第5章 入出力の制御

5.1 入出力装置 ……………………………………… 55
5.2 入出力要求とその制御 ………………………… 59
5.3 入出力の効率化 ………………………………… 62
演習問題 …………………………………………… 68

第6章 ファイルの管理

6.1 ファイル ………………………………………… 69
6.2 ファイルの編成 ………………………………… 71
6.3 ファイルの操作 ………………………………… 73
6.4 ディレクトリ …………………………………… 74
6.5 ディレクトリの操作 …………………………… 78
6.6 ファイルシステムの内部構造 ………………… 78
6.7 ファイル管理プログラム ……………………… 83
演習問題 …………………………………………… 83

第7章 プロセスとその管理

- 7.1 プログラム実行制御とプロセス 85
- 7.2 プロセスの実現 89
- 7.3 プロセススケジューラ 91
- 7.4 プロセススケジューリングアルゴリズム 94
- 7.5 スレッド（軽量プロセス） 97
- 7.6 マルチプロセッサ 98
- 演習問題 100

第8章 多重プロセス

- 8.1 多重プロセス，多重スレッド 101
- 8.2 プロセスの生成と消滅 103
- 8.3 プロセス間の同期機能：排他制御 105
- 8.4 プロセス間の同期機能：事象の連絡 111
- 8.5 プロセス間の通信 115
- 8.6 デッドロック 116
- 演習問題 117

第9章 メモリの管理

- 9.1 メモリ資源 119
- 9.2 メモリへのプログラムの配置 120
- 9.3 プロセスのメモリ領域の管理 123
- 9.4 メモリ領域の確保・解放機能 124
- 9.5 メモリ領域割当てアルゴリズム 125
- 9.6 メモリに入りきらないプログラムの実行 130
- 演習問題 131

第10章 仮想メモリ

- 10.1 仮想メモリの概要 ……………………………… 133
- 10.2 仮想メモリの利点 ……………………………… 139
- 10.3 アドレス変換 …………………………………… 140
- 10.4 ページング ……………………………………… 143
- 10.5 メモリスケジューリング ……………………… 145
- 10.6 仮想メモリと性能 ……………………………… 148
- 演習問題 …………………………………………… 149

第11章 仮想化

- 11.1 仮想化システム ………………………………… 151
- 11.2 プロセッサ仮想化 ……………………………… 154
- 11.3 メモリ仮想化 …………………………………… 158
- 11.4 入出力仮想化 …………………………………… 163
- 演習問題 …………………………………………… 166

第12章 ネットワークの制御

- 12.1 オペレーティングシステムとネットワーク ……… 167
- 12.2 通信インタフェース：プロトコル …………… 169
- 12.3 通信用プログラミングインタフェース ……… 172
- 12.4 クライアント・サーバ方式 …………………… 174
- 12.5 ネットワークを介したオペレーティングシステム機能の利用 …………………………………… 178
- 12.6 分散オペレーティングシステム ……………… 180
- 演習問題 …………………………………………… 181

第13章 セキュリティと信頼性

- 13.1 コンピュータシステムの安全性を脅かすもの 183
- 13.2 安全性に関する特性 184
- 13.3 記憶保護と実行モード 185
- 13.4 ファイルの保護と共用 189
- 13.5 利用者の認証 191
- 13.6 ネットワークセキュリティ 192
- 13.7 オペレーティングシステムの信頼性，可用性機能 195
- 演習問題 196

第14章 システムの運用管理

- 14.1 運用管理 197
- 14.2 利用者管理 200
- 14.3 構成管理 202
- 14.4 障害管理 203
- 演習問題 205

第15章 オペレーティングシステムと性能

- 15.1 性能の要素 207
- 15.2 システムの性能 209
- 15.3 資源の利用率とスループット 212
- 15.4 スケジューリングとジョブの経過時間および端末応答時間 213
- 15.5 スケジューリングとスループット 217
- 15.6 オペレーティングシステムのオーバヘッド 217
- 演習問題 218

第16章 オペレーティングシステムと標準化

16.1 オペレーティングシステムの日本語サポート ……219
16.2 オペレーティングシステムの国際化機能 …………223
16.3 オペレーティングシステムの仕様の標準化 ………226
演習問題 ……………………………………………………227

演習問題略解 ………………………………………………………229
参 考 文 献 ………………………………………………………237
索　　　引 ………………………………………………………239

第1章 オペレーティングシステムの役割

オペレーティングシステムはコンピュータを使うときになくてはならない，最も基本となるソフトウェアである．利用者からはコンピュータはオペレーティングシステムを通して見える．本章ではオペレーティングシステムの役割，利用者およびハードウェアに対する位置付け，およびオペレーティングシステムの主な種類について学ぶ．

1.1 オペレーティングシステムとは

われわれがパーソナルコンピュータを購入しようとするとき，まずどのようなハードウェアにするかを決める．コンピュータの利用目的に合わせて，プロセッサのスピードとタイプ，メモリの容量，ハードディスクの容量とスピードと種類，その他各種の入出力用機器やネットワーク機器のスピードやタイプを決定する．また，どのようなソフトウェアのメニューにするかを決める．コンピュータを何に応用するかに合わせて，ワープロや表計算ソフトウェア，ネットワーク用ソフトウェア，データベース用ソフトウェアなど，いろいろなソフトウェアを選択する．これらのハードウェアのコンポーネントやいろいろな応用ソフトウェアは，それぞれの役割がかなり

第1章 オペレーティングシステムの役割

OS：Operating System

はっきりしている．その他に，コンピュータの利用目的が何であっても，必ず**オペレーティングシステム（OS）**というソフトウェアも準備する必要がある（図1.1）．コンピュータシステムにおいてオペレーティングシステムが必須のソフトウェアであることは，パーソナルコンピュータからスーパーコンピュータまで変わらない．しかし，オペレーティングシステムの役割はちょっとわかりにくい．"オペレーティングシステムはどうしてコンピュータに必須のソフトウェアなのか，どういう働きをしているのか"を説明するのが本書の目的である．

オペレーティングシステムに関して一般に理解されていることは次のようなことであろう．

・オペレーティングシステムはコンピュータを使うために必須の，最も根幹のソフトウェアである．

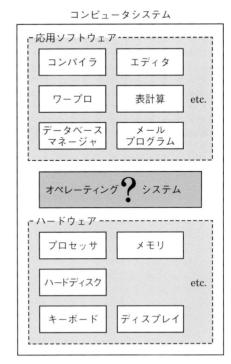

図1.1 コンピュータシステムの構成

- コンピュータのハードウェアは，オペレーティングシステムがなければ動かない．
- コンピュータ上で実行される種々の応用プログラム（応用ソフトウェアまたはアプリケーションプログラムという）も，オペレーティングシステムがなければ動作しない．
- オペレーティングシステムは，種類によって使い勝手が変わる．
- 応用プログラムの実行用プログラム（オブジェクトプログラム）は，特定のオペレーティングシステム（またはオペレーティングシステムのファミリ）向けになっており，オペレーティングシステムの種類が違えば動かない．
- オペレーティングシステムは，ソフトウェアビジネスおよびコンピュータビジネスにおけるキーとなる製品（または技術）である．

オペレーティングシステムは，いわばコンピュータシステムの土台を形成している．土台というものは，使用する上で特に意識されることは少ないが，なくてはならないものである．流通するソフトウェアや，また利用者がつくったソフトウェアやデータも，土台に依存してしまうので，土台の選択は実は利用者にとって重要である．

1.2 オペレーティングシステムの役割

オペレーティングシステムの役割について，オペレーティングシステムが生まれた背景をもとに述べる．

1. コンピュータを使いやすくする

ハードウェアのコンピュータは，そのままでは人間にとって使いにくい．コンピュータを使いやすくするためのプログラムとしてコンパイラやインタプリタがつくられたことにより，プログラムを書くときにハードウェアの機械語を使わずにプログラミング言語で書けばよくなった．しかし，コンパイラやインタプリタだけでは，ハードウェアの複雑な機能をフルに利用することはできない．また，コンピュータを動かしてプログラムを実行したりする操作も，楽に

したい．そこで，プログラミング言語を使ってつくられた応用プログラムがハードウェアの各種機能を利用できるようにするため，および人間がコンピュータの操作・運転を楽にできるようにするためのプログラムとして，オペレーティングシステムがつくられた．コンピュータハードウェア，応用プログラムおよび利用者に対するオペレーティングシステムの位置付けを図 1.2 に示す．

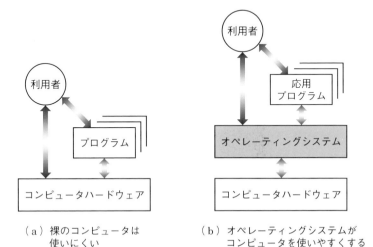

図 1.2　オペレーティングシステム（OS）の位置付け

▎2．コンピュータを効率的に使う

　コンピュータは人間に比べると演算などの処理が格段に高速である．特に高速でかつ高価なコンピュータの場合（パーソナルコンピュータが現れるまではコンピュータはみな高価であった），それを効率良く動かし，もてる能力を十分発揮させることが重要である．そのためにはプログラムの実行の制御を，処理速度が遅い人間が行うのではなくコンピュータ内の特別のプログラムで行うほうがよい．このように，コンピュータを効率的に使うということは特にコンピュータが高価であった時代においては，オペレーティングシステムの重要な役割であった．すなわちオペレーティングシステムは，高速のコンピュータを複数のプログラムで使うように制御する．いわば，コンピュータ内での仕事の交通整理の役割を果たしているといえる．

コンピュータの価格は次第に下がってきて，現在ではさまざまな用途に使われるようになってきているが，コンピュータはますます高速になっており，オペレーティングシステムはその高速性を生かすための役割を果たしている（ただし，オペレーティングシステム自身が実行のためにコンピュータの資源をたくさん使うようになってきており，その分ハードウェアの能力が差し引かれてしまうという面があるのも事実である）．

■3. 複数の利用者がコンピュータシステムの資源を共用できる

高速のコンピュータのプロセッサやメモリ（すなわちハードウェア資源）を複数人で共用して使う，という使い方が効率の点からまず行われるようになった．しかし，複数の利用者がコンピュータを共用することの利点は，効率化だけにとどまらない．プログラムやデータなどの**情報の共用**もでき，コンピュータが情報の蓄積・交換の道具として役立つことになった．むしろこのことのほうが利用者にとってより意味がある．そしてオペレーティングシステムがそれを実現する役割を担ってきた．

現在はネットワーク化が進み，コンピュータはインターネットに接続されるのが普通になった．そして複数の利用者間での情報の共用はインターネットを介して行われることも普通になった．したがって，オペレーティングシステムは，インターネットを介した情報の共有をサポートする役割を果たすようになってきた．

■4. 利用者に使いやすい論理的なマシンを提供する

パーソナルコンピュータが生まれた当初，パーソナルコンピュータにはオペレーティングシステムは不要ではないか，ということが真面目に論じられた．パーソナルコンピュータはひとりで使うものなので，コンピュータの利用効率を上げたり，資源の共用を制御したりすることが不要になり，オペレーティングシステムが要らなくなるのではないか，というものである．しかし，たとえひとりで使う場合でも，低レベルのコンピュータハードウェアはそのままでは使いにくく，使いやすくするためには，結局オペレーティングシステムが必要だった．

低レベルのコンピュータハードウェアを利用者が使いやすいようにレベルの高い論理的なマシンとして提供することが，利用者にとって本質的なオペレーティングシステムの役割といえる．すなわち，コンピュータの構成を階層化し，コンピュータハードウェアという層の上にオペレーティングシステムという層を設け，利用者や応用プログラムに対してより抽象化レベルの高い機能をオペレーティングシステムが提供するようにしたものである（図1.3）．

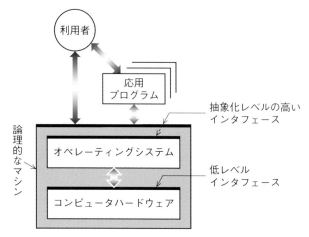

図1.3　オペレーティングシステムによる論理的なマシンの提供

▌5．利用者のデータを適切に管理する

　パーソナルコンピュータやスマートフォン，タブレットなどが普及するにつれて，利用者個人の重要なデータがコンピュータ内に保存されるようになった．これにより，これらのデータの適切な管理が，オペレーティングシステムの重要な役割となってきている．特に最近のコンピュータはインターネットに接続することが当たり前になっており，クラウドと連携して利用者のデータを管理する場面も増えてきている．このような環境では，インターネットを介したデータのやり取りがスムーズに行えるような機能を提供するとともに，コンピュータウイルスなどインターネットからの攻撃によって重要なデータが破損したり漏洩したりしないように適切なセキュリティ機能を提供することが，オペレーティングシステムに求められ

1.3 オペレーティングシステムが提供する機能

オペレーティングシステムは，それを利用する人またはプログラムからみると，使いやすい（抽象化レベルの高い）機能を提供するものである．この機能は，オペレーティングシステムの次の2つのインタフェースを通して提供される*．

* インタフェースとは，機能の提供側と利用側の境界面のことであるが，機能と同義語と考えてもよい．

・ユーザインタフェース
・プログラミングインタフェース（またはアプリケーションプログラミングインタフェース＝API）

さらに，コンピュータはネットワーク経由でほかのコンピュータと通信しあう．その基本の制御はオペレーティングシステムが行う．これはほかのコンピュータの側からみると，次のインタフェースにより通信の機能が提供されることになる．

・通信インタフェース

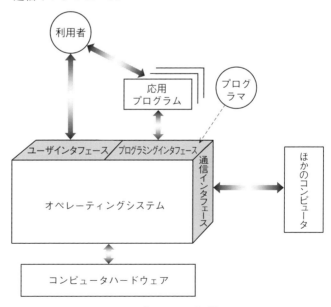

図 1.4　オペレーティングシステムが提供するインタフェース

以上のインタフェースを図 1.4 に示す．

1. ユーザインタフェース

　オペレーティングシステムは，コンピュータシステムを直接操作する利用者に対してユーザインタフェースを提供する．利用者はこのインタフェースを使ってコンピュータシステムを操作し，またプログラムの実行を制御する．ユーザインタフェースのうち，操作を画面ベースで，マウスなどを用いて行えるようにしたものはグラフィカルユーザインタフェース（GUI）と呼ばれる．GUI が登場する前は，ユーザインタフェースは文字ベースであり，各種のコマンドが用意されていて，それを打ち込むことにより指示を行った．

2. プログラミングインタフェース（アプリケーションプログラミングインタフェース，API）

　コンピュータシステムで動作する応用プログラムは，例えば入出力機器に対して入出力を行いたいとき，オペレーティングシステムの特定機能を呼び出すことにより，それを依頼する．依頼されたオペレーティングシステムは，実際の入出力の複雑な制御を応用プログラムに代わって行う．応用プログラムは依頼を出すだけでよいので簡単なものになり，複雑な入出力の制御に関らずにすむ．このように，オペレーティングシステムは応用プログラムの作成を楽にするための各種の機能を提供しており，それらはまとめてプログラミングインタフェースを構成する．

　プログラミングインタフェースは，応用プログラムを作成するプログラマが使うものでもあり，応用プログラムのプログラマ向け機能ということもできる．

3. 通信インタフェース

　オペレーティングシステムはほかのコンピュータとの通信のための通信インタフェースをもつ．利用者や応用プログラムは，この通信インタフェースを介して近くのコンピュータやインターネット上のコンピュータと通信をする．なお，通信インタフェースの中身は，通信のための標準の接続法であるプロトコルである*．すなわ

* プロトコルについては 12.2 節を参照．

ち，プロトコルに従ってほかのコンピュータと会話する．このプロトコルに従うことによって，種類の異なるコンピュータどうし（スマートフォンとサーバなど）であっても通信を行うことができるようになる．

1.4 オペレーティングシステムが管理する資源

　オペレーティングシステムは，利用者や応用プログラムがハードウェアのコンポーネント（プロセッサ，メモリ，ハードディスク，その他の入出力機器など）を使う仲立ちをしている．これらのハードウェアコンポーネントを利用者や応用プログラムに使わせるには，次のいずれか，またはこれらを組み合わせた使い方をさせる．
・コンポーネントをある一定時間使わせる
・コンポーネントの一部を使わせる
　簡単にいえば，前者は時間貸し，後者は空間貸しである．そして，このような使われ方をするハードウェアコンポーネントは，それを利用するものとの関係で**資源**（リソース）としてみることができる．例えば，プロセッサ（の時間）はプログラムに割り当てられる資源であり，またメモリ（の空間）はプログラムやデータに割り当てられる資源である．
　オペレーティングシステムの働きをコンピュータハードウェアとの関係でみると，オペレーティングシステムはこれらの**ハードウェア資源**を管理するもの，とみることができる．すなわち，これらの資源の状態を管理し，また利用者や応用プログラムへの割当ての管理を行う．
　さらに，利用者が作成したプログラムやデータも，後でまた使ったり，またほかの利用者やほかの応用プログラムに使わせたりすることができる資源である．オペレーティングシステムの役割の1つとして情報の共用があることを述べたが，そのためにオペレーティングシステムはこれらの資源（上述のハードウェア資源に対して**ソフトウェア資源**）の管理も行う．プログラムやデータはハードディスクなどの記憶装置にファイルとして格納し，利用者または利用す

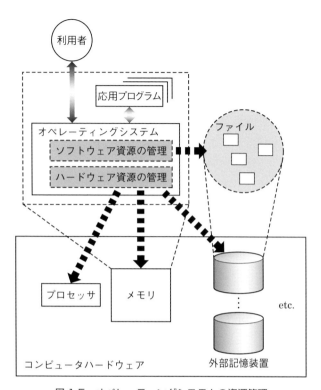

図 1.5　オペレーティングシステムの資源管理

るプログラムは，オペレーティングシステムを通してファイルを利用する．またそれらの共用の制御もオペレーティングシステムが行う．

　オペレーティングシステムとそれが管理する資源との関係を図 1.5 に示す．

1.5　オペレーティングシステムの利用形態

　オペレーティングシステムの利用のしかたがどのように発展してきたかについて述べる．

1. バッチ処理（一括処理）

初期のコンピュータで，プログラムのコンパイルと実行の操作を人間が手作業で行う代わりに，プログラムで連続的に行い，コンピュータの使用効率を上げることが工夫された[*1]．この方式が**バッチ処理**である．

バッチ処理では，コンピュータで実行したい仕事をもっている利用者は，コンピュータには触らない．利用者は，実行したい仕事を1つのジョブ（**バッチジョブ**）として準備し，その実行をコンピュータの操作を専門に行うオペレータに依頼する．オペレータは多数の利用者から依頼されたジョブをシステムへ投入し，また出力された結果をそれぞれの利用者に戻す．システムに投入されたジョブはオペレーティングシステムにより，連続的に，自動的に処理される．これにより，コンピュータは効率良く動く（図1.6）．

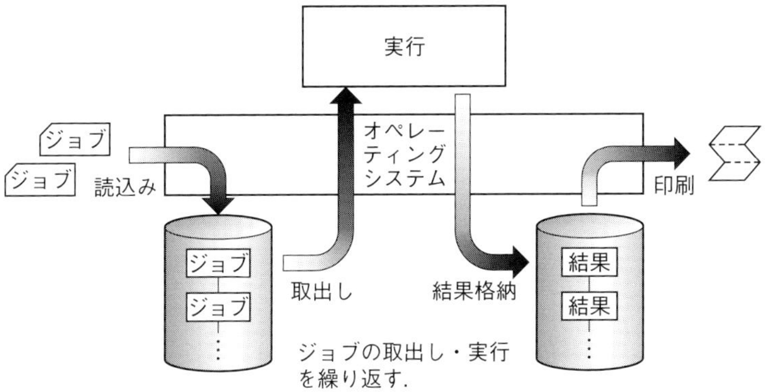

*1 その制御を行うプログラムは，はじめは制御プログラムやモニタなどと呼ばれた．

バッチ処理：batch processing

図1.6 バッチ処理

利用者が準備するバッチジョブは，ジョブの処理方法の指定と，ソースプログラムやデータから構成される．処理方法の指定のために**ジョブ制御言語**がある．

初期のバッチ処理では，ジョブはカードとして準備され，また結果はラインプリンタ[*2]への出力であった．そして，カード読取り機からのジョブの読込みとラインプリンタへの結果の印刷を，ジョブ本体の実行と並行に行って効率を上げた．この処理を**スプール**と呼んだ．

*2 ラインプリンタ：行単位で高速に印刷するプリンタ

スプール：SPOOL, Simultaneous Peripheral Operation On-Line

バッチ処理は現在でも，企業などで定型的な処理を行う必要がある場合に使われている．

2. オンライン処理（実時間処理）

コンピュータシステムが通信回線で結ばれた多数の端末装置を制御する形態である．座席予約や銀行オンラインなどに使われている．端末から入力できるのはデータだけで，コンピュータ内では1つの**オンライン処理プログラム**がすべてを仕切っている（図1.7）．

オンライン処理プログラムは多数の端末装置を並行に処理するために多重プロセスや多重スレッド構造をもつ[*1]．オンライン処理を可能にするために，オペレーティングシステムには多重プロセスや多重スレッド機能，通信制御機能，信頼性，可用性機能[*2]などが要求される．オンライン処理の歴史は古く，バッチ処理と同じ頃から始まっている．

[*1] 多重プロセスや多重スレッドについては第8章で説明する．

[*2] 可用性については13.2節参照．

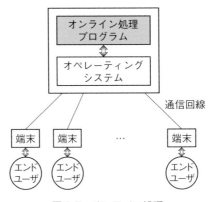

図1.7　オンライン処理

3. 時分割処理（タイムシェアリングシステム）

1台のコンピュータシステムを複数の利用者が共用し，同時使用する方式である．利用者は端末装置（キーボードとディスプレイからなる）から，あたかも自分がコンピュータを占有しているかのようにコンピュータシステムを使用できる．端末装置からコンピュータシステムのほとんどの機能を利用でき，プログラムを入力して，

1.5 オペレーティングシステムの利用形態

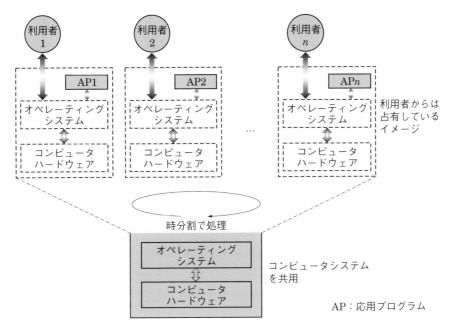

図1.8 タイムシェアリングシステム（TSS）

それを実行することもできる．利用者はコンピュータと対話をするように使用する．オペレーティングシステムは短い時間（タイムスライス）でそれぞれの利用者のためのプログラム実行を切り替えることにより，すべての利用者に並行したサービスを与え，即時応答を実現する．

時分割：time sharing

TSS：Time Sharing System

コンピュータを時分割で使用することから，このシステムを**タイムシェアリングシステム（TSS）**と呼ぶ（図1.8）．これはバッチ処理の利用者からみた応答性の悪さを改善する方法としてつくられた．コンピュータの使用効率を多少犠牲にして，利用者への応答性を重視している．利用者がコンピュータへ指示を入力してから結果が出力されるまでの時間（**応答時間**という）はたいてい短いため，利用者はコンピュータと対話をするように使用することができ，**対話型処理**が生まれた．また対話のための言葉として TSS コマンドが生まれた．

4. 個人使用

　パーソナルコンピュータはひとりの利用者が使用する．また，それよりやや大きくて機能が高いワークステーションの場合も，ひとりで使用することが多い．利用者はコンピュータを対話型で使用する．

　パーソナルコンピュータのオペレーティングシステムは，当初はシングルタスクであった．すなわち，ある時点で動作する応用プログラムは一つだけであった．その後 TSS の機能を応用して，1 台のコンピュータ上で複数の応用プログラムを同時に使えるようになった．例えば，ひとりの利用者がある応用プログラムを操作しつつ，バックグラウンドで別の応用プログラムが計算処理を行うといったことが可能になった．さらに，インターネットが普及するに伴い，オンライン処理の機能も応用して利用者のコンピュータがインターネット上の多数のサーバに接続して動作することが可能になった．例えば，インターネット上の異なるサーバに置かれたテキストや画像を合成して1つのページを表示することが可能になった．一方，利用者が増えるに従って，コンピュータの専門家でなくても容易に使いこなせるようにするために，ユーザインタフェースが発達して GUI で操作できるようになった．近年ではクラウドコンピューティングが普及し，処理の大部分をインターネットの向こう側にある大規模なコンピュータが行い，パーソナルコンピュータだけではできない高度な機能を実現できるようになった．

5. 移動使用

　スマートフォンは利用者が携帯してさまざまな場所に移動して使用する．持ち歩きができるように軽量化・小型化されたコンピュータを使用し，多くの場合は画面に触れることによってコンピュータを操作する．また，電話の機能と融合することによって，外出先であってもインターネットに接続した状態でコンピュータを使用することができる．オペレーティングシステムが管理するハードウェアも，カメラ，GPS，バッテリーなど多様化している．

1.6 主なオペレーティングシステム

これまでいろいろなオペレーティングシステムがつくられて，使われてきた．以下に主な例をあげる．

1. UNIX

UNIXは1969年に米国電話電信会社（AT & T）のBell研究所のKen Thompson，Dennis Ritchieなどにより小型マシン（ミニコンピュータ）用のTSSのオペレーティングシステムとして開発された．彼らはMultics（p. 18のコラム参照）の開発に途中まで参加したBell研究所のメンバだったが，その後自分達で使うための小回りの利くTSS用のオペレーティングシステムをつくった．名前もMulticsをもじって，Multi（複合の）でなくUni（単一の）とした．UNIXの特徴をあげる．

- もともとの設計が「軽装」である．プログラム開発などをしやすくするための，少人数によるタイムシェアリングシステムとしてつくられた．
- ファイルの設計がシンプルで柔軟である．
- ソースコードがC言語を用いて書かれたことにより，アーキテクチャが異なるコンピュータへの移植（ポーティング）が容易となり，普及した．
- 1980年代前半にカリフォルニア大学のバークレイ校でネットワーク機能（TCP/IP）が追加されたことにより，インターネットの中心的なオペレーティングシステムとしての役割も果たした．

UNIXにはその他いろいろな改良が加えられてきた．AT & TはすでにUNIXの開発から撤退しており，現在では業界団体であるThe Open GroupがUNIXの仕様を管理している（厳密にいえば現在ではUNIXは仕様の名前である．第16章参照）．

2. Linux

1991年，当時フィンランドの学生だったLinus B. Torvaldsが

UNIXと同等の機能をもったオペレーティングシステムを独自に開発した．その後そのソースコードをインターネットで公開した*ため，多くの人々がその改良に協力し，成長を続けている．オペレーティングシステムに関する最先端の機能の研究はLinuxをベースにして行われることが多い．無償で配布されているほか，有償でサポートする企業も登場したことも手伝って，個人のコンピュータから商用のコンピュータまで多くのコンピュータに使われている．現在ではインターネット・サーバの中心的なオペレーティングシステムとして使われているほか，パーソナルコンピュータやスマートフォン，組込み機器からスーパーコンピュータまで，幅広い分野のコンピュータでLinuxが動作している．

* このようなソフトウェアをオープンソースソフトウェアと呼ぶ．

3. Windows

Windowsは，Microsoft社のGUIベースのユーザインタフェースをもったパーソナルコンピュータ用オペレーティングシステムとしてスタートした．1995年に発売されたWindows 95は大きな成功を収め，その後1998年に発売されたWindows 98とともに，パーソナルコンピュータの実質的な標準オペレーティングシステムの地位を獲得した．それまでのMicrosoft社のパーソナルコンピュータ用オペレーティングシステムであったMS-DOSの機能も引き継いでいる．

同社はパーソナルコンピュータより大きなコンピュータ（サーバおよびワークステーション）向けのオペレーティングシステムとして，David Cutlerらが中心となってWindows NTを新規に開発した．Windows NTはマイクロカーネルの概念を取り入れた新しい設計で，安定性の改善に大きく寄与したものの，当時のコンピュータでは動作が遅いことが問題となった．しかし同社は改良を続け，2000年にはWindows NTの技術をパーソナルコンピュータ向けに応用したWindows 2000を発売し，2001年にはWindows XPを発売して非常に広く普及した．その後もWindows Vista，Windows 7と改良を続け，Windows 8からはスマートフォンやタブレットにも対応できるような新しい構造を採用した．また，その後のWindows 10ではWindows as a Serviceとして常に最新版が利用

できるようになっている．

4. Mac OS

Apple 社のパーソナルコンピュータである Macintosh（Mac）専用のオペレーティングシステムである．現在では macOS と呼ばれている．Steve Jobs が創業した NeXT 社の OPENSTEP というオペレーティングシステムをベースに開発された POSIX*に準拠した UNIX 系のオペレーティングシステムである．基幹部分は Darwin という名称でオープンソースとしても公開されている．ユーザインタフェースとして画面ベースの GUI を採用し，画期的な使いやすさを実現した．

* POSIX については第3章参照．

5. Android

Google 社が Linux をベースにしてスマートフォンやタブレット向けに開発したオペレーティングシステムである．オープンソースで公開されており，ハードウェアメーカ各社が自由にカスタマイズして提供することができるため，スマートフォン向けオペレーティングシステムとしては最も普及している．Linux ベースのカーネル，ライブラリ，Android Runtime（ART）仮想マシン，Java で書かれた各種応用プログラムから構成されている．

6. iOS

Apple 社が Mac OS をベースにしてスマートフォン（iPhone）やタブレット（iPad）向けに開発したオペレーティングシステムである．マルチタッチやジェスチャなどを活用した新しいインタフェースを提供して使いやすさには定評がある．

7. メインフレーム用オペレーティングシステム

IBM 社のメインフレーム用オペレーティングシステムは OS/360（p. 18 のコラム参照）が発展したものであり，OS/360 の基本機能は今でも引き継がれている．メインフレームハードウェアの発展に合わせて，仮想メモリのサポート，拡張アドレスのサポート，マルチプロセッサのサポートなどが追加されてきた．1996 年に OS/390

が発表された．さらに2000年に，OS/390の次世代オペレーティングシステムとしてz/OSが発表された．z/OSは企業のネットワークを利用したビジネス用のサーバのオペレーティングシステムとしての機能を強化している．

　IBM社以外のメインフレームメーカも，それぞれのメインフレーム用オペレーティングシステムを提供してきている．

　メインフレーム用オペレーティングシステムは，多人数での使用

歴史上重要なオペレーティングシステム
・OS/360

　IBM社がシステム/360計算機シリーズのために開発したオペレーティングシステム．1966年に最初の版が利用可能になった．OS/360では計算機を制御するために必要な機能を体系化し，それまでの計算機を制御するプログラムに比べ，機能も規模も格段に大きなものになった．Operating Systemという名前もここから始まった．OS/360ではジョブとタスク（＝プロセス）という概念を明確にし，また，機能をタスク管理，ジョブ管理，およびデータ管理に分けて体系化した．当初のOS/360はバッチ処理および実時間処理用のオペレーティングシステムであったが，その後タイムシェアリング処理機能がオプションとして追加された．その後のIBM社のメインフレーム計算機用オペレーティングシステムはOS/360が拡大，発展したものである．

・Multics

　米国マサチューセッツ工科大学（MIT）で1960年代の半ばから後半にかけて開発された，タイムシェアリング処理をベースとしたシステム．MITでは1960年代前半にCTSS（Compatible Time Sharing System）が開発され，タイムシェアリングシステムやコマンド言語などの技術が確立されたが，その経験をもとに，種々の革新的な技術を盛り込み，大規模なコンピュータユーティリティ（コンピュータ機能を電気，水道，ガス並みに使えるようにする）の実現を目指した．しかし，開発に時間がかかりすぎたことなどから，広く使われるまでには至らなかった．Multicsで確立された技術には仮想メモリ，マルチプロセッサ，階層的ファイルシステムなどがあり，その後のオペレーティングシステムに技術的影響を与えた．技術的にはいまだにMulticsを超えるオペレーティングシステムは出ていない．Multicsの思想は，1つの巨大な仮想メモリ上にある情報を多数の人に共用させよう，という集中化の思想であったが，その後のUNIXやコンピュータネットワークの成功にみるように，歴史は分散化の方向に動いた．

を前提とし，データ処理の効率性と信頼性を重視してつくられている．オンラインシステムや企業の基幹システムで中心的に使われているのは，現在でもメインフレーム用オペレーティングシステムである．

演習問題

問1 ネットワーク時代となり，パーソナルコンピュータおよびそのオペレーティングシステムの役割はどのように拡大したか．

問2 ネットワークの中で，大型コンピュータおよびそのオペレーティングシステムはどのような役割をもつか．

問3 カーナビゲーション装置のようなコンピュータ組込み機器の中でもオペレーティングシステムが使われている．なぜオペレーティングシステムが有用か．

第2章 オペレーティングシステムのユーザインタフェース

初期の頃は，オペレーティングシステムの操作は専門家の仕事だった．しかし現在では，一般の利用者が対話型でオペレーティングシステムを直接操作するようになった．本章では利用者がオペレーティングシステムを操作するために使う機能，すなわちユーザインタフェースについて学ぶ．

2.1 オペレーティングシステムの利用者

初期のオペレーティングシステムの場合，オペレーティングシステムを操作するのは専門家だった．バッチ処理では，一般の利用者はコンピュータに触れることはなく，オペレーティングシステムの操作は専門のオペレータが行った．タイムシェアリングシステムが生まれて，専門家でない利用者も，端末を通してオペレーティングシステムを操作するために，そのユーザインタフェースを使用するようになった．また，パーソナルコンピュータが普及し，広く一般の利用者がパーソナルコンピュータを操作するようになった．すなわち，パーソナルコンピュータ用オペレーティングシステムのユーザインタフェースを使用するようになった．さらにスマートフォンやタブレットが普及して，より広い一般の利用者が操作できるよう

に，タッチパネルを指で操作して直感的に扱えるインタフェースを使用するようになった．

オペレーティングシステムを操作する利用者は，次のように分類される．

(1) 一般利用者

パーソナルコンピュータやスマートフォン，ワークステーションの利用者は対話型で直接オペレーティングシステムを使用する．特にパーソナルコンピュータやスマートフォンの場合，利用者のほとんどはコンピュータ利用の専門家ではない．したがってオペレーティングシステムのユーザインタフェースは，誰にでもわかりやすく，使いやすいことが要求される．

(2) システム管理者またはオペレータ

UNIX などでは，システムの管理をする特別のユーザであるシステム管理者のためのコマンドが用意されている．一般の利用者はそれらを使えない．

メインフレームでは，コンピュータを直接操作するのは専門のオペレータの仕事である．このために，オペレータ向けのユーザインタフェースであるオペレータ用コマンドが用意されている．

2.2 グラフィカルユーザインタフェース

1. GUI の歴史

1970 年代後半に Xerox 社の Palo Alto 研究所が，高精細で図形も表示できるビットマップ方式のディスプレイ装置と画面上の任意の位置を指すための装置（マウスなど）を使った図形ベースのユーザインタフェース技術を確立した．この方式は**グラフィカルユーザインタフェース（GUI）**と呼ばれ，それまでの文字ベースのユーザインタフェースに比べて格段に使いやすく，オペレーティングシステムのユーザインタフェースを根本的に変えた．

GUI：Graphical User Interface

2. GUI の概要

簡単な例に沿って GUI の概要を説明する（図 2.1）．

2.2 グラフィカルユーザインタフェース

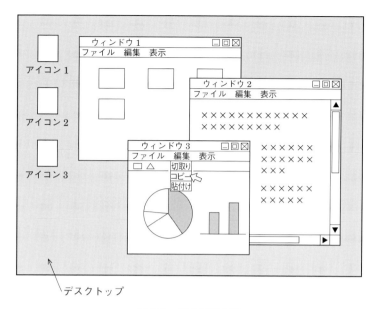

図 2.1　GUI 画面の例

　オペレーティングシステムによって管理されるディスプレイ装置の画面は**デスクトップ**と呼ばれる．"仕事をする机の上"というイメージである．デスクトップ上にはいくつかの**アイコン**と呼ばれる絵記号が並べられており，それらは仕事をする入口になる．アイコンをポインティング装置（マウスなど）を使って画面上で指して選択する（マウスのボタンなどを1度ないし2度クリックする）と，そのアイコンに関係付けられているファイルのフォルダやアプリケーションなど（一般的にはオブジェクト）に対応してデスクトップ上に窓，すなわち**ウィンドウ**が開かれる．フォルダの場合はそれに含まれるファイル（これもオブジェクト）の一覧が表示され，以降ウィンドウ上でファイルの操作が可能になる．またアプリケーションの場合はウィンドウが開かれるとともにアプリケーションが起動され，以後ウィンドウがその実行画面になる．フォルダウィンドウでファイルをクリックすればファイルに対応したウィンドウが開かれ，その内容が表示される．内容がテキストやドキュメントの場合にはその編集が可能になる．このとき，現在の入力・編集位置がカ

アイコン：icon

ーソルで示される．カーソルの移動もマウスなどで簡単にできる．

ウィンドウはマウスなどの操作によりデスクトップ上で自由に場所を移動でき，またサイズの変更も自由にできる．デスクトップ上には複数のウィンドウを開くことができる．関連した複数のウィンドウを開いて仕事を進めるのは，ちょうど机の上にいろいろな本や書類を広げて仕事を進めるのと同じ具合である．複数のウィンドウが重なっているとき，重なりの下にあるウィンドウの領域内をクリックすればそれが前景のウィンドウになり，そのウィンドウでの操作が可能になる．

ウィンドウの上部にはタイトルが表示され，またいくつかの操作メニューが並んでいる．標準的な**メニュー**には［ファイル］や［編集］がある．メニューをクリックするとメニューの中身が現れ（すぐ下に開かれるものを**ドロップダウンメニュー**という），その中の項目を選択することにより，操作ができる．例えばファイルメニューの中には保存や印刷といった操作が含まれている．ある操作を選択すると，その操作を対話的に進めるための**ダイアログボックス**が現れることが多い．メニューの下には，特定の操作を簡単に呼び出すための**ボタン**も並んでいることが多い．ウィンドウに表示すべき内容のサイズが大きすぎて一度に全部を表示しきれない場合，ウィンドウの右側や下側に**スクロールバー**が現れる．それを使って内容をずらして，見たい場所がウィンドウ内に表示されるようにする．

複数のウィンドウ間にまたがった操作も可能である．例えば，あるフォルダウィンドウ内にあるファイルなどをマウスなどで押さえて画面上を引きずり（ドラッグ），別のフォルダウィンドウやデスクトップ（これも一種のウィンドウである）の上で放すだけで，ファイルなどの移動やコピーができる[*1]．さらに，ドキュメントの一部分などを，別ウィンドウ内の適当な場所にコピーしたり移動したりすることもできる．それには［編集］メニューの中の［コピー］，［切取り］，［貼付け］操作を使う．あるウィンドウ内のドキュメントの一部などを選択して，それをコピーまたは切り取って，その状態で別のウィンドウに移り，挿入先の位置をカーソルで選択したあと，［編集］メニューを開き，［貼付け］を行えばよい[*2]．

GUIは誰にでもわかりやすいもので，オブジェクトやその一部

*1 この方法は英語では drag and drop といわれる．

*2 この方法は英語では copy and paste，または cut and paste といわれる．

分のコピーや移動も極めて簡単にできるが，その裏では，実現のために高度なオブジェクト指向技術が使われている．

スマートフォンやタブレットでは画面が小さいため，一般にはウィンドウは使われず1つの応用プログラムの画面を全画面に表示する．また，タッチ操作がしやすいように大きめのアイコンを配置したり，スクロールバーの代わりにスワイプと呼ばれる画面上をこするような動作でスクロールを行ったりする．

3. 主な GUI

(a) Mac OS の GUI

Xerox 社が開発した技術を，1980年代に Apple 社のパーソナルコンピュータである Macintosh が採用して一般に普及し，その革新的な使いやすさが評判になった．Mac OS の GUI は統一的に構成されており，これを好むファンも多い．

(b) Windows の GUI

Microsoft 社は GUI の重要性に気付き，1990年代に入ってオペレーティングシステムの名前も Windows[*1] として，GUI の取込みと充実化を図った．特に 1995 年に出荷された Windows 95 で本格的な GUI がサポートされ，これが世の中に広く受け入れられて，その結果 Windows がパーソナルコンピュータの中心的なオペレーティングシステムの位置を獲得するに至った．

Microsoft 社のサーバ用のオペレーティングシステムである Windows NT でも Windows の GUI を採用した．その後の Windows でも Windows 95 の GUI を継承，発展させている．

(c) X Window System

米国 MIT の Robert Scheifler が開発し，1986年から外部に公開された[*2]．これは画面上でウィンドウをつくって利用するための基本機能を提供するものである．これは内部の構成が分散型で実現されていたこともあって，適応性が高く，UNIX の標準的なウィンドウ機能として広まった．アプリケーションは X Window System の機能を利用して，画面上でウィンドウを使ったインタフェースを実現できる．

*1 Windows は複数形であることに注意．画面上で複数のウィンドウが使えるオペレーティングシステム，という GUI 重視の名前付けである．

*2 その後，X Consortium が結成され，研究者や技術者が X Window System の改良に協力した．

(d) iOS の GUI

2007年にApple社のiPhoneで採用されたインタフェースである．タッチパネルを用いたマルチタップによる直感的で使いやすい操作が評判となり，スマートフォンのインタフェースの先駆けとなった．

(e) Android の GUI

Apple社のiPhoneに対応してGoogle社などが開発したインタフェースである．マルチタッチなど基本機能は共通しているものの，実際のインタフェースはスマートフォンを販売する各社が独自に開発できるようになっている．

2.3 コマンド言語

1. コマンド，コマンド言語

コマンド：
command

コマンドとは，オペレーティングシステムを操作するために利用者が端末などから与える指示文（指示語といくつかの引数）である．タイムシェアリングシステムでは，利用者が端末から対話型でシステムを操作し利用するためにコマンド群が準備された．当初の端末は文字ベースであり，入力を楽にするために短い単語または略語が使われた．コマンドの体系が**コマンド言語**であり，オペレーティングシステムを操作するための人工言語である．また，これはオペレーティングシステムの文字ベースのユーザインタフェースである．

コマンド方式のユーザインタフェースは，コマンド言語を覚えなければならないこと，その一方で入力がキーボードから速やかにできるため慣れてくると使いやすいことなどからどうしても専門家向きである．

2. UNIX コマンド

UNIXでは多数のコマンド群が用意されている．その中のほんの一部を表2.1に示す．コマンドは端末の一行に入力してリターンキーを押すことにより，指定した仕事がオペレーティングシステム内で開始される．UNIXのコマンドは（そしてUNIXのオペレーティ

2.3 コマンド言語

表 2.1 主要 UNIX コマンド

ファイル, ディレクトリ管理コマンド	
`cd` [dir]	作業ディレクトリを移動
`ls` [options] [name(s)]	ディレクトリの内容を表示
`cp` file1 file2	file 1 を file 2 にコピー
`mv` oldname newname	ファイルの移動, ファイル名, ディレクトリ名の変更
`rm` [options] file(s)	ファイルを削除
`mkdir` dir(s)	ディレクトリを作成
`rmdir` dir(s)	ディレクトリを削除
`chmod` mode file(s)	ファイルやディレクトリの参照許可モードの変更
`cat` [options] [file(s)]	ファイルを結合して出力
`more` [options] [file(s)]	ファイルを画面にページごとに出力
システムの状態を調べるコマンド	
`pwd`	作業ディレクトリ名を表示
`ps` [options]	プロセスの状態を知る
`date`	日付と時刻を得る
`who`	誰がログインしているか知る
`man` [options] command(s)	マニュアルのページを表示
テキスト処理コマンド	
`wc` [options] [file(s)]	行数, 文字数, 単語数を数える
`grep` [options] expression [file(s)]	ファイルからパターン (正規表現で指定) を探す
`lpr` [options] [file(s)]	ファイルをオフラインで印刷
ソフトウェア開発コマンド	
`cc` [options] file(s)	C コンパイラでコンパイル
セッションの終了	
`logout`	

ングシステムそのものも) ファイル処理とテキスト処理に強い, という特徴がある.

多くのコマンドは標準的な入出力先をもっている. 端末からの入力が**標準入力**であり, また端末の画面に現れる出力 (エラーメッセージを除く) が**標準出力**である.

シェル: shell

UNIX には**シェル**と呼ばれるコマンドの投入を楽にするための機能がある. 例えば, 簡単な操作で入力先, 出力先の切替えができる. コマンドを

> コマンド＜ファイル名

のように後ろに"＜ファイル名"を付すことにより，入力先を標準入力から指定したファイルに変更できる．また

> コマンド＞ファイル名

のように後ろに"＞ファイル名"を付すことにより出力先を標準出力から指定したファイルに変更できる．これらを**リダイレクション**と呼ぶ．また，2つのコマンドを

> コマンド1　｜　コマンド2

のように"｜"でつなげることにより，先頭のコマンドの出力を2つ目のコマンドの入力に直接つなぐこともできる．これを**パイプ**と呼ぶ．さらに複数のコマンドをテキストファイルに入れて，一種のプログラムとして実行することもできる．これを**シェルスクリプト**という．

シェルは構造上は応用プログラムの1つである．シェルにはいくつかの種類があり，利用者は使いたいものを選べる．もともとのUNIXの標準シェルはボーンシェル（sh）であった．カリフォルニア大学バークレイ校で Bill Joy* によってCシェル（csh）が開発され，それを改良した tc シェル（tcsh）がある．Linux や Mac OS では Brian Fox が開発したバッシュ（Bash）が標準的に使われている．表2.2に Bash の主な機能を示す．このほかに，前に投入したコマンドをもう一度使ったり，修正して使うこと，またコマンド投入履歴の保存などもできる[1]．

UNIXのコマンドのそのほかの特徴をあげる．UNIXのコマンドは入力量を抑えるためにやや暗号に近いようなコマンド名もあり，覚えにくい．また，出力メッセージも少なく抑えられていて，寡黙なシステムとも呼ばれる．これらはたまにしか使わない利用者には欠点となるが，逆に慣れた利用者にとっては使いやすく利点になる．

UNIX はシステム管理がしやすい．その理由の1つとして，システム管理者と一般の利用者は権限上の差はあるが，基本的には同じ体系のコマンド群を使用することがあげられる．さらに，UNIX は構造上システムの構成情報などを文字ベースのテキスト情報として管理しており（ビット情報としてでなく），それらの設定や変更には通常のテキスト処理コマンドが使えることもある．

ボーンシェル：
Bourne shell

* Bill Joy はその後 Sun Microsystems へ．

表2.2 Bashの主な機能

基本的機能
プロンプト　コマンド投入を促すプロンプト（$）を表示
複数コマンド投入　複数コマンドを；で区切って1行に書ける 　実行は順次 　　command1；command2；…；commandn
リダイレクション　入力先，出力先の切替えができる 　標準入力をファイルから読む： 　　command ＜file 　標準出力をファイルに送る： 　　command ＞file
パイプ　コマンドの出力を次のコマンドの入力に直接つなぐ 　command1｜command2
ワイルドカード文字　引数でファイル名を指定するときの省略記法 　?　　　　　　　　任意の1文字とマッチする 　[list]　　　　　 list中の1文字とマッチする 　[lower-upper]　lowerとupperの範囲内の1文字とマッチ 　*　　　　　　　　（空列を含む）任意のパターンとマッチ
ジョブ制御
バックグラウンドジョブ　コマンド行の最後に＆を付けると，そのコマンド行（＝ジョブ）はバックグラウンドで実行される
シェルスクリプト
端末から入力するのと同じ形で複数のコマンドをテキストファイルに入れたもの．ファイル名を入力するだけで実行できる コマンドの実行を制御するために if　…　then　…　else などの構文を使うことができる

3. MS-DOSコマンド

　Windowsでは，その前の世代のオペレーティングシステムであるMS-DOSのコマンドを現在でも使うことができる．MS-DOSコマンドはコマンドプロンプト（Windows 98までは MS-DOS プロンプト）のウィンドウを開いて，そこで使うことができる．MS-DOSコマンドの例を表2.3に示す．MS-DOSコマンドはUNIXコマンドの影響を受けていることがうかがえる．

4. PowerShellコマンド

　新しいWindowsでは，PowerShellという UNIX ともMS-DOSとも異なるコマンド方式のユーザインタフェースを提供している．PowerShellは100種類以上のコマンドレットと呼ばれる使用方法や出力形式が統一されたコマンドを提供しており，システム管理を

表2.3 MS-DOS コマンドの例

`dir /p`	ディレクトリ（フォルダのこと）の内容の表示
デバイス名：	カレントディレクトリをそのデバイスのルートに位置付ける
`cd` ディレクトリ名	カレントディレクトリを変更する
`copy` ファイル名 ディレクトリ名	ファイルのコピー
`type` ファイル名	ファイル内容の画面への表示
`help` ［コマンド名］	コマンドのヘルプ情報の表示

表2.4 PowerShell のコマンドレットの例

`Get-ChildItem`	ディレクトリの内容の表示
`Get-ChildItem	Sort-Object`	ディレクトリの内容をソートして表示
`$d = Get-ChildItem; $d.length`	ディレクトリに含まれるファイル数を表示

容易に行えるように設計されている．また，UNIX コマンドと同じ名前のエイリアスやパイプなどの機能を提供しているほか，オブジェクト指向の概念も取り入れた近代的な環境になっている．

演習問題

見かけと感じ：
look & feel

問 1 あるシステムの GUI に慣れた利用者が，ほかのシステムの GUI を利用しようとするとき，詳細には差があっても，**見かけと感じ**が同じなら使える．その理由を考えよ．

問 2 あるシステムのコマンド言語に慣れた利用者が，ほかのシステムのコマンド言語を利用しようとするとき，コマンド言語の形式が細部まで同じでないと使えない．その理由を考えよ．

問 3 UNIX のユーザインタフェースを GUI だけにしてしまうことは難しい．コマンド言語でないとできない仕事の例をあげよ．

第3章
オペレーティングシステムのプログラミングインタフェース

オペレーティングシステムは，応用プログラムに対してファイルや入出力装置を利用する機能など，種々の機能を提供している．本章ではオペレーティングシステムの応用プログラム向けの機能，すなわちプログラミングインタフェースについて，それが提供される形およびオペレーティングシステムの処理との関係を学ぶ．

3.1 プログラミングインタフェースの目的

応用プログラムは，通常，プログラミング言語を使ってプログラミングされるが，システムのいろいろな機能を利用するためにはプログラミング言語の機能だけではできないことが多い．プログラミング言語では提供されない機能は，オペレーティングシステムの機能として提供されるものを使う必要がある．また，プログラミング言語の機能の一部として提供されているものでも，それを実現するために内部的にオペレーティングシステムの機能を利用しているものもある．例えば，ファイルや入出力装置との間の入出力の機能は，標準的なものはプログラミング言語とともに提供されているが，内部的にはオペレーティングシステムの入出力機能を利用して

実現される．また，入出力装置に特有の制御を行いたい場合は，オペレーティングシステムの機能を直接利用する必要がある．プログラム内で並列処理を実現したい場合も，オペレーティングシステムの機能の利用が必要になることが多い．

　以上のようなことから，オペレーティングシステムはプログラミングインタフェースを提供している．このインタフェースはオペレーティングシステムの機能として提供されるが，その実質はオペレーティングシステムだけでなく，入出力装置を含めたシステムの資源を利用するためのものである．プログラミングインタフェースは，そのための応用プログラムに対する窓口の位置付けにある（図3.1）．プログラミングインタフェースは，応用プログラム向けであることを強調して**アプリケーションプログラミングインタフェース（API）**とも呼ばれる．

API：Application Programming Interface

　オペレーティングシステムの機能を直接使ったプログラム作成，すなわちオペレーティングシステムのプログラミングインタフェースを使ったプログラム作成のことを**システムプログラミング**ということがある．

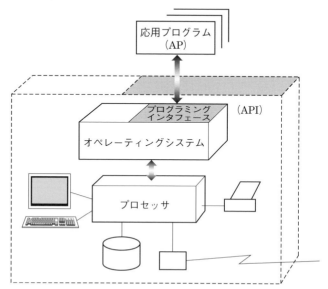

図3.1　オペレーティングシステムのプログラミングインタフェース (OS API)

3.2 プログラミングインタフェースの提供

1. プログラミングインタフェースの使い方

オペレーティングシステムのプログラミングインタフェース（OS API）の個々の機能は応用プログラムからは普通は関数呼出しの形で利用できる（図3.2 (a)）．応用プログラムは関数（APIルーチン）がどのように実現されているかは意識しなくてよい．

2. プログラミングインタフェースの実現方法

複数人で利用することが前提のオペレーティングシステムでは，オペレーティングシステムの本体は応用プログラムからは隔離されている．オペレーティングシステムの本体（**カーネル**などと呼ばれる）が応用プログラムから誤って，あるいは意図的に壊されたりしないように，応用プログラムとカーネルとはハードウェア的に別の実行モードで（応用プログラムはユーザモードで，またカーネルは特権モードで）[*1]動いている．そしてオペレーティングシステムの機能は実際にはカーネルの中で実現されている．ユーザモードのプログラムが特権モードのプログラムを呼び出すためには，特別なハードウェア命令（本書では**カーネル呼出し命令**と呼ぶことにする）を実行する必要がある．その命令はプロセッサの割込み（カーネル呼出しの内部割込み[*2]）を起こして，実行モードは特権モードに変わり特別な入口からカーネルに入ることができる．その後，カーネル内で要求された処理が行われる（図3.2 (b)）．すなわちオペレーティングシステムの側から見れば，オペレーティングシステムの機能の本体はカーネルの中で実現されていて，応用プログラムが直接呼び出すAPIルーチンは，必要な準備をした後カーネル呼出し命令を実行するという，つなぎの役目を果たしているにすぎない．なお，アセンブリ言語を使ったプログラムでは，直接カーネル呼出し命令を書いてカーネルのオペレーティングシステム機能を呼び出す（つなぎのAPIルーチンは使わずに）こともできる．

*1 実行モードについては第4章参照．

*2 割込みについては第4章参照．

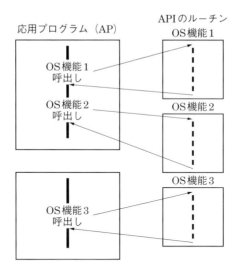

（a）応用プログラム（AP）からOS APIを利用

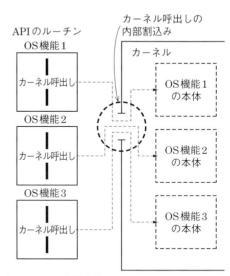

（b）OS APIの実現方法

図3.2　OS APIの利用と実現方法

3. システムコール

UNIXのプログラミングインタフェースでは，個々のオペレーティングシステムの機能は**システムコール**と呼ばれる．システムを呼び出して処理を依頼する，といった意味である．システムコールの本体はカーネルの中で実現されている．なお，応用プログラムのためのAPIルーチンとして，**システムコール関数**がCの関数として用意されている（詳細は次節で述べる）．

なお，メインフレーム用オペレーティングシステムでは，APIルーチンはアセンブリ言語のマクロ命令の形（**OSマクロ**）で提供されていて，応用プログラムがそのマクロ命令を書けば，カーネル呼出し命令*が展開される．

* メインフレームマシンではスーパバイザ呼出し命令という．

本書では，OS APIで提供される個々のオペレーティングシステムの機能をシステムコールと呼ぶことにする．

3.3 具体的なOS API

1. C言語規格の標準ライブラリに含まれるオペレーティングシステム機能

現在のC言語の標準ライブラリには，オペレーティングシステム関係の機能も含まれている．C言語はUNIXに関連して生まれたこともあり，もともとはC固有の入出力機能などをもたず，Cライブラリ（Cの標準的な関数群を集めて提供されていたもの）の中にUNIXの入出力機能を使うための関数なども含まれていた．C言語は1989年に米国標準（ANSI標準：通称C89）になり，翌1990年に国際標準（ISO標準：通称C90）になった．このとき，CライブラリにあったいくつかのレNIX用関数（の仕様）も，規格の一部として（標準ライブラリの関数として）取り込まれた．その結果，ANSI/ISO C言語規格に従うC製品では，UNIX以外のオペレーティングシステム上で動くものであっても，それらの標準関数が提供されるようになった．その後，C言語のISO標準は1999年と2011年に改訂され，それぞれC99，C11と呼ばれている．

ISO C言語規格の標準ライブラリの中の関数で，オペレーティン

表 3.1 ISO C 言語規格標準ライブラリの主な関数

OS に関係が深い関数の主なものを示す．このほかに文字列関数，数学関数などが含まれる．関数名だけ示し，引数および戻り値は省略する．

入力と出力	
◎ファイル操作	
fopen( )	ファイルをオープンし，ストリームを関係付ける (C11 からは fopen_s())
fclose( )	ストリームおよび関係付けられたファイルをクローズ
remove( )	ファイルを削除
rename( )	ファイル名を変更
◎書式付き入出力	
fprintf( ), printf( )	書式によりデータを変換して出力
fscanf( ), scanf( )	書式により入力を読込み，変換して得る (C11 からはそれぞれ fscanf_s(), scanf_s())
◎文字入出力関数	
getchar( ), fgetc( ), gets( ) (C11 からは gets_s())，fgets( ), putchar( ), fputc( ), puts( ), fputs( ) など	
◎直接入出力関数	
fread( )	ストリームからデータを読み込む
fwrite( )	ストリームへデータを書き込む
◎ファイル位置関数	
fseek( )	ストリームに対してファイルの位置をセット
ユーティリティ関数	
malloc( )	メモリスペースを確保
free( )	メモリスペースを解放
exit( )	プログラムを正常終了させる
abort( )	プログラムを異常終了させる
シグナル	
signal( )	後で発生するシグナルの処理のしかたを指定
raise( )	シグナルをプログラムに送る
日付けと時刻	
clock( )	プログラムで使われたプロセッサ時間を返す
time( )	現在のカレンダー時間を返す

グシステムに関係する主なものを表 3.1 に示す．表を見ればわかるように入出力関係の関数が多い．ファイルへのアクセスは直接行うのではなく，ストリーム（論理的な 1 次元データの流れ）への読み書き，となっている．

これらの関数は，もともと UNIX の機能の一部として提供されていたものであり，言語規格の一部でもあるが，OS API とみることもできる．なお，これらは規格の一部として仕様（応用プログラムからの使い方）だけが定義されているわけで，その実現方法は実

装するシステムに任される．

2. UNIX のシステムインタフェース

UNIX のシステムインタフェース（すなわちプログラミングインタフェース）は次の形で提供されている．
・システムコール関数
・その他のライブラリ関数

システムコールについては上に述べたように，C プログラムでは C ライブラリ内のシステムコール関数経由でカーネルの機能を呼ぶが，アセンブリ言語のプログラムではカーネルの機能をカーネル呼出し命令で直接呼んでもよい．UNIX のシステムコールの例を表 3.2 に示す．この表はシステムコール関数の形で示している．例えば，入出力用には read や write があり，指定したファイルに対して指定したバイト数のデータを読む，または書く，という基本的な

表 3.2　UNIX のシステムコールの例

関数名だけ示し，引数および戻り値は省略する．

入出力	
・ファイル操作	
`open( )`	ファイルをオープンする
`read( )`	ファイルからデータを読み込む
`write( )`	ファイルへデータを書く
`lseek( )`	読取り/書込み用ファイルポインタの移動
`ioctl( )`	装置の制御
`close( )`	ファイルをクローズする
・ディレクトリ操作	
`mkdir( )`	新しいディレクトリを作成する
`rmdir( )`	ディレクトリを削除する
・パイプ	
`pipe( )`	パイプをオープンする
・ファイル保護	
`chmod( )`	アクセス許可の変更
プロセス	
`fork( )`	プロセスを生成する
`exec( )`	プロセスの実行プログラムを置き換える
`exit( )`	プロセスの実行を終了する
`wait( )`	終了した子プロセスとの同期を取る
メモリ領域	
`brk( )`	プロセスの動的割当て領域のサイズを変更する

機能が提供されている．これらのシステムコールは，呼ばれるたびにカーネル呼出しの内部割込みが発生して，本来の処理はカーネル内で行われる．

その他のライブラリ関数は関数内での固有の処理があり，その中で必要に応じてシステムコールを呼び出す．例えば，ストリームへの入出力はこれに該当し，ライブラリ関数内でデータのバッファリング*を行い，毎回システムコールを出さなくてもすむようにしている．なお，現在ではC言語規格の一部に含まれているオペレーティングシステム関連の関数も，UNIXの側から見ればUNIXのオ

* バッファリングについては5.3節参照．

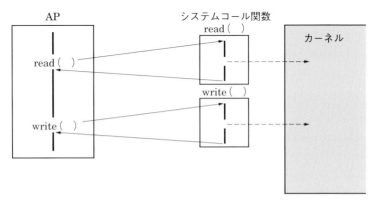

（a）応用プログラム（AP）からシステムコール関数を利用

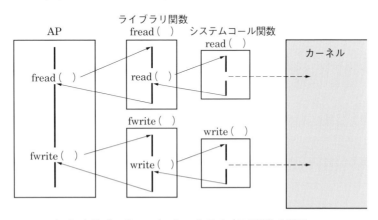

（b）応用プログラム（AP）からライブラリ関数を利用

図3.3　応用プログラムからのシステムコール関数とライブラリ関数の利用

ペレーティングシステムの機能の一部である．応用プログラムからのシステムコール関数とライブラリ関数の利用について，図3.3に示す．

なお，UNIX の仕様は「単一 UNIX 仕様」としてまとめられているが*．その中ではシステムコールも，また ISO C 規格の一部になっているライブラリ関数も，同じシステムインタフェースの中の関数として同列に定義されている．

* 参考文献2)，第16章参照．

3. Windows の API

Microsoft 社は Windows 用の API として Windows API を定めている．当初は Windows95/NT 以降の API を Win32 API と呼んで 16 ビット版の Win16 と区別していたが，近年は 64 ビットもサポートするようになり，一般化のため Windows API と呼んでいる．Windows API も，内部的には UNIX のシステムコールに相当するネイティブシステムサービスというものを呼び出しているが，公式にはドキュメント化されておらず直接呼び出すことは推奨されていない．したがって，基本的には Windows API で定義されているインタフェースを用いてプログラミングを行う．Windows API の例を表3.3に示す．

表3.3 Windows API の例

関数名だけ示し，引数および戻り値は省略する．

入出力	
・ファイル操作	
`CreateFile( )`	ファイルをオープンする．
`ReadFile( )`	ファイルからデータを読み込む
`WriteFile( )`	ファイルへデータを書く
`SetFilePointer( )`	読取り/書込み用ファイルポインタの移動
`CloseHandle( )`	ファイルなどをクローズする
プロセス	
`CreateProcess( )`	プロセスを生成する
`WaitForSingleObject( )`	プロセスの終了などを待つ
`ExitProcess( )`	プロセスを終了する
グラフィック	
`MessageBox( )`	メッセージボックスを表示する
`CreateWindow( )`	ウィンドウを生成する
`SetPixel( )`	点を描画する

3.4 互換性と移植性

1. 互換性とは

互換性とは，2つのシステムまたは製品間で，あるインタフェースが同等であることにより，そのインタフェースを利用するプログラムなどがいずれのシステムまたは製品との組合せでも動くことをいう．そしてこのとき，それらのインタフェースには**互換性**があるという（図3.4）．

互換性は，プログラミングインタフェースに関してより重要になる．プログラムの場合，少しのインタフェースの違いでも動かなくなる可能性が高く，より厳密な同等性が必要である．また，プログラムは財産として蓄積されていくものであり，あるシステムまたは製品との組合せで動いたものが，別のシステムまたは製品との組合せでも動くことは経済的にも重要である．

2. オペレーティングシステムのインタフェースの互換性

オペレーティングシステムはシステムの基幹のインタフェースを提供しており，その上でさまざまな応用プログラムが動くことか

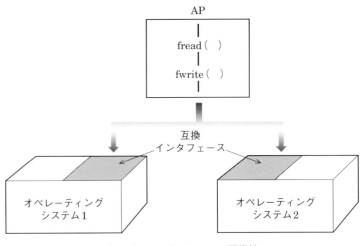

図3.4　インタフェースの互換性

ら，そのインタフェースの互換性は価値が高い．

同じオペレーティングシステムの複数のバージョン間では，基本的にはインタフェースの互換性が維持されることが多い．例えば，Windows 95 向けに書かれたプログラムは Windows 10 でも動作する可能性がある．しかし，実際にはインタフェースを提供するオペレーティングシステムの中身が新しくなることに伴い，一部で互換性がなくなっていたり，古くなったインタフェースを意図的に廃止する場合などがあり，古いオペレーティングシステム向けのプログラムが新しいオペレーティングシステムでは動かなくなることがある．

同種のオペレーティングシステム間での互換性は，同じオペレーティングシステム間ほどではないにしても，比較的実現しやすい．UNIX をベースとしたオペレーティングシステム製品のための統一仕様としては，前述の「単一 UNIX 仕様」がある．例えば，Mac OS は「単一 UNIX 仕様」に準拠しているため，この仕様向けに書かれたプログラムは基本的にはそのまま動作する．ただし，ハードウェアのアーキテクチャが製品によって異なるため，互換性のレベルはソースプログラム互換にとどまる．

異種のオペレーティングシステム間で標準規格に基づいて，その規格の範囲内で互換性をもたせることが可能である．その1つはオペレーティングシステムインタフェースの国際標準規格である POSIX*をサポートすることである．例えば，Windows も POSIX に準拠しており，POSIX のインタフェースに従って書かれたプログラムは基本的には UNIX でも Windows でも動く．もう1つは，ISO C 言語規格に基づいて，その標準ライブラリの範囲内での互換性を保持することである．

* 第16章参照．

▍3．ソースプログラム互換とオブジェクトプログラム互換

同じオペレーティングシステム間の互換性では，オブジェクトプログラムがそのまま動く，というオブジェクトプログラム互換が追求される．同種および異種のオペレーティングシステムでは，互換性はソースプログラムレベルのものとなる．例えば，「単一 UNIX 仕様」や POSIX 規格，ISO C 言語規格は，規定しているのはソー

スプログラム向けのインタフェースであり，そのため互換性はソースプログラムレベルのものとなる．同種および異種のオペレーティングシステム間でのオブジェクトプログラム互換は容易ではないが，現在ではバイナリ変換などのエミュレーション技術，仮想化技術[*1]などの進歩により，ある程度実現できるようになっている．

*1 第11章参照.

なお，ソースプログラム互換も完全に実現するのは難しい．前述の3つの仕様の場合，いずれもC言語を前提としている．しかし，そもそもC言語規格はかなりゆるやかになっており，例えば整数が何ビットの長さかも，実装[*2]依存である．そのため，Cで書かれた応用プログラムが，標準規格準拠である別のC言語環境で動くという保証は残念ながらない．

*2 実装とは実現しているものの意で，この場合は，コンパイラを指す．

なお，Java言語はJava仮想マシン仕様の厳密な規定と，インタプリタ方式の採用により，バイトコードという一種のオブジェクトプログラムのレベルでの互換性を実現している．

■4．移植性

プログラミングインタフェースの厳密な互換性はソースプログラム互換レベルであっても実現が難しいため，ある応用プログラムを別のシステムで動かすためには，通常なんらかのプログラムの変更が必要になる．この作業は移植作業と呼ばれ，その作業が少ないような応用プログラムは**移植性**が高い，という．プログラムの移植性を高めるには，共通仕様の範囲内の機能だけを使う，などの注意が必要である．

移植作業：porting
移植性：portability

演習問題

問1　プログラミング言語だけではオペレーティングシステムの機能がカバーされていない理由を考察せよ．

問2　システムコール関数とカーネル呼出し命令との関係を述べよ．

問3　Java言語の標準APIにはオペレーティングシステム的な機能が含まれている．それを調べ，C言語の標準関数と比較してみよ．

第4章 オペレーティングシステムの構成

オペレーティングシステムは，ハードウェアと応用プログラムとの間に位置するひとまとまりのプログラムである．そのうちの核となる部分はカーネルと呼ばれる．本章ではハードウェアの割込み機構と，それにより可能になった複数のプログラムを処理するマルチプログラミング方式，およびそれを実現するカーネルの基本の仕組みについて学ぶ．

4.1 オペレーティングシステムのためのハードウェア機能

ハードウェアのプロセッサ（CPU ともいう）は一般の演算機能のほかに，オペレーティングシステムを構成するうえで必要となる次のような機能をもつ．

1. 実行モード

オペレーティングシステムは利用者のプログラムの実行を制御し，また複数の利用者が共用するシステム資源の制御を行う．これらの制御は，オペレーティングシステムだけが行えるようになっていなければならない．そのために，プロセッサは実行モードをもち，モードによって使用できる命令の種別が異なる．次の2つの実

行モードが基本的なものである．

① **非特権モード（ユーザモード，プロブレムモード，スレーブモードなどともいう）**

一般の応用プログラムを実行するモードである．特権命令は使えない．

② **特権モード（カーネルモード，スーパバイザモード，マスタモードなどともいう）**

オペレーティングシステムの核部分を実行するためのモードである．プログラムの実行制御のために用意された特別の命令や入出力起動命令などの特権命令は，このモードでのみ実行可能である．

2. 割込み

複数のプログラムの実行を制御するためには，例えば入出力動作の完了などの事象をオペレーティングシステムが知ることが必要になる．そのためにハードウェアは**割込み機構**をもつ．入出力動作の完了などの事象が起きたときに，そのとき実行していたプログラムを命令実行の切れ目で中断し，プロセッサは特定の場所にあるプログラム（オペレーティングシステムのプログラム）の実行を開始する．ちょうど人が仕事をしていたときに，電話が鳴ったので仕事を中断し，電話に出るようなものである．

割込みは次に述べるように，大きく2つに分類され，それぞれの中にさらにいくつかの種類がある．

外部割込み：
interruption

① **外部割込み**

実行中のプログラムとは関係しない非同期な外部事象の発生による割込み．次のようなものがある．

- **入出力割込み** 以前に起動した入出力動作が完了した．
- **タイマ割込み** セットした時間が経過した（時間には普通の時間とプロセッサ実行時間の2種類がある）．

内部割込み：trap
または exception

② **内部割込み**

実行中のプログラムの状態を契機に発生するもので，割出しとも呼ばれる．次のようなものがある．

- **カーネル呼出し割込み** カーネル呼出し命令を実行すると発生．

- **アドレス変換例外割込み** 仮想メモリ方式において，プログラムがアクセスした番地のページ（またはセグメント）がメモリ中にない（第10章参照）．
- **演算例外割込み** 命令実行で桁あふれ（オーバフロー）などの例外条件が発生．

なお，割込みは，プログラムの制御により割込みの原因となる事象*が発生しても，割り込む動作を抑止（マスク）することができる．割込みがマスクされた状態を**割込み禁止状態**，**割込み禁止モード**，または**割込みマスク状態**という．

> * プログラムの実行に影響を与える出来事を一般に事象という．

3. その他のハードウェア機構

次に主なものをあげる．

① **入出力機構**

入出力装置とのデータの入出力，または入出力装置の制御のための機構（第5章参照）．

② **メモリ機構**

メモリの割当て管理のための機構や，仮想メモリのためのハードウェア機構（第9章および第10章参照）．

③ **記憶保護機構**

メモリ上の複数のプログラムを互いに参照や変更がされないように保護したり，オペレーティングシステムを利用者のプログラムから保護するための機構（第13章参照）．

④ **マルチプロセッサ機構**

複数のプロセッサをもつシステムをマルチプロセッサという．マルチプロセッサの実現のためには，そのためのハードウェア機構が必要である（第7章参照）．

4.2 割込みとマルチプログラミング

オペレーティングシステムの始まりは，入出力の制御を楽にしたい，および複数プログラムの実行を制御したい，という2つの動機がもとになっている．後者は割込みの発明により可能になった．

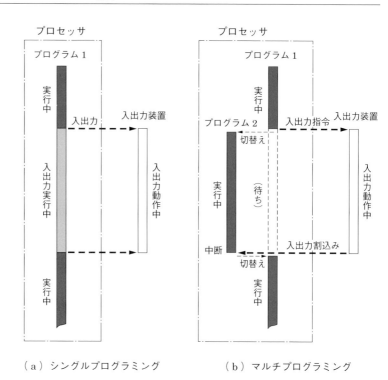

(a) シングルプログラミング　　　　(b) マルチプログラミング

図 4.1　シングルプログラミングとマルチプログラミング

　初期のコンピュータは入出力を起動すると，入出力動作が終わるまでプロセッサも入出力実行中の状態にいた．入出力動作はプロセッサによる命令実行に比べてずっと時間がかかるので，効率が悪かった（図 4.1 (a)）*．

　そこで入出力動作中に別のプログラムを実行してやり，入出力が完了したらプロセッサはそれを検知してもとのプログラムの実行に戻るようにして，全体の効率を上げることが考えられた．そしてプログラム実行中でも入出力の完了を検知できるようにするために，プロセッサに割込み機構がつくられた．入出力が完了すると，入出力装置から動作完了の信号がプロセッサに出され，その時点でプロセッサによるプログラム実行は割り込まれて，プロセッサは特別のプログラムを実行し，プログラムの切替えなどを行う（図 4.1 (b)）．このように，入出力動作中にほかのプログラムを実行することによ

* この方式は，プロセッサが実行するプログラムは1つであり，次に述べるマルチプログラミングとの対比でシングルプログラミングと呼ばれる．

り全体の効率を上げる方式を**マルチプログラミング**（**多重プログラミング**）という．マルチプログラミングを制御するプログラムが，オペレーティングシステムの原形の1つとなった．また，マルチプログラミングの制御の対象としてのプログラムは後で述べるプロセスの概念へと発展した．

4.3 オペレーティングシステムの核：カーネル

1. カーネルとは

マルチプログラミングを実現するためには，割込みが起こった後の処理や実行プログラムの切替え処理は，ユーザプログラム*の実行とは別に，特別のプログラムで行う必要がある．また入出力装置への入出力指令の発行も，後で入出力割込みが起こったときに要求元のプログラムの再開ができるように，管理しなければならない．このような処理は複数のユーザプログラムにかかわるものであるため，どれか1つのユーザプログラムがそれを行えたり，乱すことができたりすることを防ぐ必要がある．このためにプロセッサに特権モードが用意され，この特別のプログラムは特権モードで実行されるようになった．このようにしてオペレーティングシステムの核部分ができ上がった．このようなオペレーティングシステムの核部分はカーネル，スーパバイザなどと呼ばれる．

* 応用プログラムのことをユーザプログラムともいう．ユーザモードでの実行を意識して，ここではユーザプログラムの用語を使う．

2. カーネルの処理の流れ

カーネルの処理がどのような流れで実行されるかを例を用いて説明する．図4.2で，AP1がシステムコール関数readを呼ぶ（①）と，関数の中でカーネル呼出し命令が実行される（②）．するとカーネル呼出し割込みが発生し（③），カーネルの**割込み処理**（4.4節参照）と呼ばれる部分が実行される．その中で，カーネル呼出しの種類を判定して，要求されたシステムコールの処理ルーチンを呼び出して実行する．入出力の場合は**ファイル管理**（第6章参照）および**入出力起動処理**（第5章参照）が実行され，その中で入出力装置への入出力指令が出され（④），装置は入出力動作を始める．カーネル内

の要求された処理が終わると，**カーネル出口処理**（第7章参照）に行き，プロセス（実行中のプログラムをカーネルではプロセスとして管理している）の状態が変化したかどうかを判定する．本例の場合，AP1は入出力が完了するのを待って待ち状態に入ったので，次に実行するプロセスの選択をする（⑤）．その結果AP2が選ばれたとすると，カーネルの最後で「実行モードを変更して特定のアドレスからプログラム実行を始める」命令を実行することにより，AP2の実行が始まる（⑥）．時間が経過した後入出力動作が完了すると，入出力装置はプロセッサに対して入出力割込みを発生させ

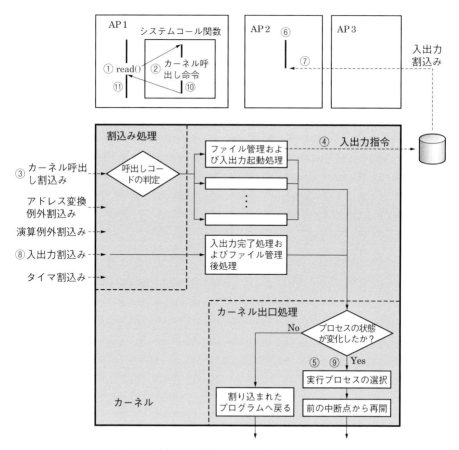

図4.2　割込みを契機としたカーネルの処理の例

る．このとき AP2 が実行中であれば，AP2 の実行は割り込まれて
（⑦．割込みはそのときたまたま実行中だった命令の切れ目で起こ
る），入出力割込みが起こる（⑧）．その結果**入出力完了処理**（第 5
章参照）およびファイル管理の後処理が行われ，AP1 の待ち状態
が解除される．その後カーネルの出口でプロセスの状態が変化した
かどうか判定する．本例の場合変化があったので，次に実行するプ
ロセスの選択に行き（⑨），その結果 AP1 が選ばれれば，以前の処
理の続き（カーネル呼出し命令の次の命令）から実行が再開される
（⑩）．その結果システムコール関数が完了し，read の次に制御が
戻る（⑪）．

　以上のように，カーネルの処理はすべて割込みを契機として始め
られる．またカーネルの処理を終えた後は必ずカーネルの出口を通
って，カーネルの外に出る．

3. カーネルのモード

　複数の利用者を前提にしたオペレーティングシステムでは，カー
ネルは特権モードで実行される．さらに，カーネルの全部または主
要部は割込み禁止モードで実行される．

　カーネルの処理は割込みを契機として始められるので，カーネル
処理中は全面的に割込みを禁止してしまえば，カーネルの処理が単
純になる．1 つの割込み事象が発生すると，カーネルでの処理が開
始され，その処理が完了するまで，さらなる割込みは発生しない．
すなわち，一度カーネルに入ったら，カーネルではそのきっかけと
なった 1 つの割込みに関係する処理だけを行えばよく，それが終わ
ればカーネルを出てしまう．次の割込みはカーネルを出た後にだけ
起こる．すなわち，このようなカーネルでは割込みを順次にしか実
行しない．

4. カーネルに含まれる処理

　カーネルに含まれる主な処理は次のようなものである．
  ・プロセスの実行管理
  ・入出力装置への入出力の制御
  ・ファイルの管理

第4章　オペレーティングシステムの構成

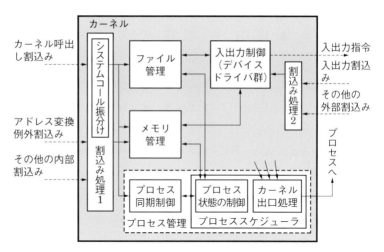

図 4.3　カーネル構成のモデル

・メモリ領域の管理
・仮想メモリの制御
・プロセスの同期制御
・タイマの管理
・割込み処理

*1　図4.3には主要な構成要素（本書で動作原理を説明しているもの）だけを示した．タイマ管理その他は省略している．

　カーネル構成の概要を図4.3に示す[*1]．各構成要素に対して比較的一般的と思われる名前を付した（例えば，プロセスの実行管理を行う部分はプロセススケジューラ，メモリ領域の管理と仮想メモリの制御を行うのがメモリ管理）．カーネルでの処理で，プロセスの状態を変えて待ち状態にしたり，また待ち状態を解除したりする必要があるが，これはプロセススケジューラのプロセス状態を制御する処理を呼び出すことにより行う．

5. UNIXのカーネル構成

*2　UNIXのカーネル構成については参考文献3)参照．

　UNIXの簡略化したカーネル構成を図4.4に示す[*2]．ファイルの管理をする部分をファイルサブシステム，またプロセスの同期と実行管理，それにメモリ管理の部分を含めてプロセス制御サブシステムと呼んでいる．また入出力制御をするのがデバイスドライバ群である．

4.3 オペレーティングシステムの核：カーネル

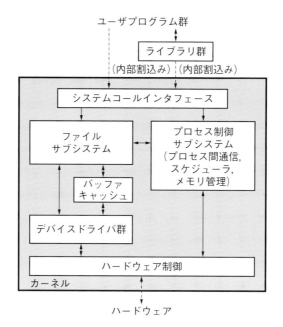

図 4.4　UNIX のカーネル構成[3]

＊ OSF (Open Software Foundation) は米国に本部を置いたオープンシステム団体．その後 X/Open と合併して The Open Group となった．

Column　マイクロカーネル

　カーネルに必要最小限の機能だけをもたせて，できるだけ小さく構成したものをマイクロカーネルという．マイクロカーネルには入出力制御，メモリ管理，プロセスの切替え処理などのうち，直接ハードウェアを制御する部分だけを含める．その他の処理はカーネル外でユーザモードで実行する．通常のカーネルには含まれているがマイクロカーネルには含まれない処理は，サーバとして構成する（ファイルサーバ，プロセスサーバなど）．サーバ機能の利用はマイクロカーネル経由で行う（図 4.5）．マイクロカーネル方式によりオペレーティングシステムのモジュール性が高くなる．しかし，オペレーティングシステムの機能を利用するときのオーバヘッドは増加する．

　マイクロカーネル方式オペレーティングシステムとしては米国 Carnegie Mellon University で研究開発された Mach が有名である．これはその後 OSF＊が開発した UNIX ベースのオペレーティングシステムである OSF/1 に取り込まれた．そして並列コンピュータ用オペレーティングシステムとして製品化もされている．

WindowsはNT以降でマイクロカーネル方式（ただし性能を考慮した変形版）を採用している．

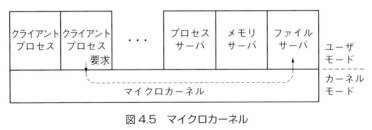

図4.5　マイクロカーネル

4.4　カーネルへの入口：割込み処理

　割込み処理はカーネルへの入口である．そこで行われる処理の概略を説明する．
　① 割込みが起きたとき，ハードウェアによって次が行われる．
・割り込まれたプログラムのプロセッサの実行状態（次の命令アドレス，プログラム実行のためのレジスタの内容，プログラムの実行モードなど）がメモリの特定場所に退避される．
・割込み内容の詳細情報がメモリの特定場所に格納される．
・割込みの種類に応じて，メモリ内の特定の位置にある情報によりプロセッサの実行モードがセットされ（特権モードで割込み禁止となる），その情報で指された位置の命令が実行される（そこが割込み処理の入口になる）．
　② 割込みの種類に応じて，それぞれの入口から割込み処理のプログラムが実行される．
・退避されているプロセッサの実行状態の情報を退避領域から取り出し，そのプログラムの実行を管理しているデータ構造の中に保存する（このようにプログラムは実行を管理する必要があり，プロセスとして管理する）．これにより，後でプロセススケジューラがこのプロセスを選択したときに，プロセッサの実行状態を完全に復元して，実行を再開することができる（なお，この実行状態を保存する処理は，プロセスが実行中状態か

ら待ち状態またはレディ状態に変わるときに行ってもよい).
・割込みの種類に応じて次に実行すべきカーネル処理が決まる.カーネル呼出し割込みの場合は,カーネル呼出し命令に付随する呼出しコードにより実行すべきカーネル処理を選択する.
・選択されたカーネル処理に制御を渡し,実行を開始する.

4.5 オペレーティングシステムのカーネル以外の部分

オペレーティングシステムにはカーネル以外の部分もある.

1. ユーザインタフェース用プログラム

コマンド方式のユーザインタフェースの場合に,利用者が操作する端末からコマンドを受け取り,そのコマンドを処理するプログラムを起動する役割を担うプログラムを**コマンドインタプリタ**という.また,**コマンドインタプリタ**から起動されて各コマンドを処理するプログラムを**コマンドプロセッサ**という.UNIXではコマンドインタプリタはシェルと呼ばれ,応用プログラムの位置付けにある.また,利用者が作成したプログラムやシェルスクリプトもコマンドとして起動することができる.この構造の単純さが,UNIXの拡張性に通じている.

GUI用プログラムは,デスクトップのためのプログラムと,その下位の図形処理用のプログラムから構成される.

2. サービスプログラム

オペレーティングシステムの一部として提供されているが,応用プログラムの位置付けにあるものがいろいろある.テキストエディタはその例である.コマンドプロセッサの多くもこの位置付けにある.これらは利用者の便宜を図るためのプログラムということで,**サービスプログラム**あるいは**ユーティリティプログラム**と呼ばれることがある.

3. システムプロセス（デーモン）用のプログラム

オペレーティングシステムのプログラムの中には利用者が起動するプログラムだけでなく，システムの開始時に自動的に起動されて，以後システムのプロセスとして動くプログラムもある．UNIXではそのようなプロセスは**デーモン**と呼ばれる．ネットワークのサーバ機能などはデーモンとして動く．

4. API 用ライブラリ

システムコール関数などはライブラリとして提供される．これらは利用者のプログラムに結合（リンク）されて，その一部として動く．

Column　オペレーティングシステムの設計例

ソースプログラムが公開されていて，設計の詳細を知ることができるオペレーティングシステムとしては Linux がある．

タネンバウムなどが学習用のオペレーティングシステムとして開発した Minix は，参考文献 4) とともにソースプログラムが公開されている．Linus Torvalds は Minix を勉強したことがきっかけで Linux の開発を始めたといわれている．

演習問題

問 1　コマンドインタプリタをカーネルに含めた場合の問題点を考えよ．

問 2　仮想メモリ方式（第 10 章参照）を採用しているオペレーティングシステムの場合，割込み禁止で動くカーネルのプログラムは常に主記憶装置内にあるようにする（主記憶装置常駐にする）必要がある．なぜか．

問 3　カーネルの一部は割込みを許可して動くようにしているオペレーティングシステムもある．前の割込みに対するカーネル処理が後の割込みの処理によりプロセッサを横取り（preempt）されるので，**横取り可能なカーネル**と呼ぶ．この方式はどのような場合に有効か．

横取り可能なカーネル：preemptive kernel

第5章

入出力の制御

　入出力装置に対する複雑な入出力の制御を受け持つためのソフトウェアが生まれ，それがオペレーティングシステムのはじまりの1つになった．本章ではハードウェアの入出力機構の概要，オペレーティングシステムによる入出力の制御方法，および入出力を効率良く行うための手法について学ぶ．

■ 5.1　入出力装置

▎1．入出力装置の種類

　コンピュータにデータを入力するための入力装置，出力のための出力装置，さらに入力，出力いずれでもできる装置を一括して，**入出力装置**という．

　入出力装置にはいろいろな種類のものがある．従来の大型コンピュータでは主要な入出力装置は，磁気ディスク装置，磁気テープ装置，ラインプリンタ，端末装置などであった．

　パーソナルコンピュータでの主要な入出力装置は，ハードディスク（HDD，磁気ディスク装置のこと）やソリッドステートドライブ（SSD），CD-ROM/DVD/ブルーレイドライブ，USBメモリなどの外部記憶装置*，キーボード，ディスプレイ（モニタともい

* 外部記憶装置は二次記憶装置，補助記憶装置ともいう．

う），マウス，プリンタ，スピーカなどである．

なお，磁気テープ装置，CD-ROM/DVD/ブルーレイドライブなどは，それぞれ磁気テープ，光ディスクなどの記憶媒体が別になっており，**記憶媒体**が装置にセットされて入出力装置として動作する．

▌2．入出力装置の接続

入出力装置はバス（母線）やインタフェース装置を介してプロセッサおよびメモリに接続される．この接続のしかたは入出力の制御の方法と関係している．

入出力の制御方法は次のように進歩してきた．

(a) プロセッサの直接制御

初期のコンピュータではプロセッサが入出力装置の入出力動作を直接制御しており，効率が悪かった．

(b) 入出力制御装置

その後，入出力の制御をできるだけプロセッサから切り離し，プロセッサをより効率良く使うように進歩してきた．入出力の制御はプロセッサではなく入出力制御用の装置（**入出力制御装置**）が行い，入出力動作の完了が割込みによりプロセッサに知らされるようになった．ただし，データの書込みや読出しのためのメモリへのアクセスは，プロセッサを介して行われた．

(c) DMA 方式

さらに，入力データのメモリへの書込みや出力データのメモリからの読出しを，プロセッサを介さずに，入出力制御装置が直接メモリとの間で行うようになった．この方式を**直接メモリアクセス**（**DMA**）方式という．

DMA：Direct Memory Access

DMA 方式の場合の入出力装置の接続を図 5.1 に示す．入出力装置は入出力制御装置（入出力装置の種類ごとに別のもの，各入出力制御装置が DMA 機構をもっている）に接続され，入出力制御装置はシステムバスを介してプロセッサとメモリに接続される．入出力動作の開始と完了は，プロセッサと入出力制御装置との間のやり取りにより行われる．実際のデータ転送は，入出力制御装置を経由してメモリとの間で直接行われる．

なお，ディスク系の装置の場合，装置は入出力バスを介してディ

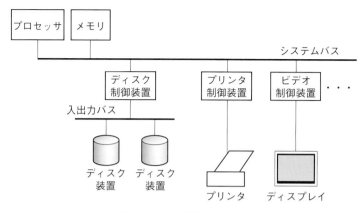

図 5.1　入出力装置の接続

スク制御装置に接続される．パーソナルコンピュータではディスク系装置の接続インタフェースは標準化されている[*1]．

(d) 入出力チャネル

さらに，大型コンピュータでは，入出力用に別のコンピュータを設け，一種のプログラムの形の入出力指令を本体のプロセッサとは独立に実行するようになった．この入出力用のコンピュータを**入出力チャネル**（またはチャネル）という[*2]．大型コンピュータでの入出力チャネルを介した接続の例を図 5.2 に示す．入出力チャネル装置は複数の入出力チャネルをもつことができ，並列に入出力ができる．入出力チャネルと入出力装置の間には入出力制御装置があり，装置固有の入出力の制御を行う．ディスク制御装置の場合には，半導体メモリを内蔵して入出力データのキャッシングを行い入出力時間の短縮を図るものもある（**ディスクキャッシュ**という）．

*1　SATA（Serial Advanced Technology Attachment）やSCSI（Small Computer System Interface）がある．

*2　入出力チャネルは入出力プロセッサと呼ばれることもある．

■3. 入出力操作

プロセッサが入出力を開始してから完了するまでの流れは次のようになる．

① まずオペレーティングシステムが，入出力の内容を指定する**入出力指令**（**入出力コマンド**）を作成してメモリ内に置く．入出力指令では次を指定する．
・対象の入出力装置

第 5 章　入出力の制御

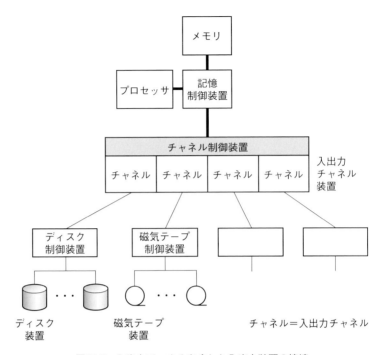

図 5.2　入出力チャネルを介した入出力装置の接続

- 読み/書きの操作
- 入出力装置上の読み/書きの位置（指定が必要な場合）
- メモリ内のデータ位置
- データ長

② プロセッサは入出力命令を発行する．入出力命令は入出力指令をポイントする．

③ 入出力指令は入出力制御装置に渡される（入出力チャネルの場合は，チャネルがメモリ上の入出力指令を読み出して，それに従って入出力制御装置に指示を出す）．以降入出力制御装置が入出力の制御を行い，またメモリとの間のデータの転送も行う（入出力チャネルの場合は，チャネルを介する）．

④ 入出力が完了すると，入出力制御装置（入出力チャネルがある場合はチャネル）がプロセッサへの割込みを発生させることにより，入出力の完了を連絡する．

4. 磁気ディスク装置

磁気ディスク装置（ディスク装置，ハードディスク）は物理的には複数の円盤（ディスク）があり，各円盤には多数の同心円があり，その円の上にデータが記録される．読取り，書込みを行うヘッドは円盤面ごとにある．ある同心円に位置付けるためにヘッド群が一緒に動く．ヘッドが一定の位置にあるときの同心円の集合（円盤面の数だけある）を**シリンダ**という．また1つの同心円は**トラック**という．トラック内は複数の連続した記録部分（**セクタ**という）に分かれている．

磁気ディスク装置への入出力には，現在のシリンダから目的のシリンダへ移るためのヘッドの移動時間である**シーク時間**，ヘッドが読み書き対象のセクタ位置に来るまでの回転待ち時間である**サーチ時間**，そして本来の**データ転送時間**がかかる．

5. ソリッドステートドライブ

ソリッドステートドライブは，磁気ディスク装置のような物理的に稼働する部品がないため，シーク時間やサーチ時間などがかからない．一般的にはフラッシュメモリなどの半導体を用いて実現され，電気的に高速に読み書きを行うことができる．しかしフラッシュメモリの場合は書換え可能回数に上限があったり，細かい単位での書込みができずブロックと呼ばれるまとまった単位での消去が必要であったりと，物理的な制約がいくつか存在するため，これらを管理するために専用のプロセッサとメモリを搭載した小型のコンピュータになっている．

5.2 入出力要求とその制御

入出力装置に対して入出力を行うためのソフトウェア制御は複雑である．そこで，できるだけ一般のプログラマに負担をかけないようにするために入出力の制御用のソフトウェアが生まれ，**IOCS** と呼ばれた．これがオペレーティングシステムのはじまりの1つになった．応用プログラムからは入出力装置ごとの制御の詳細は見え

IOCS : Input Output Control System

ず,入出力装置の種類に関係なく共通的なインタフェースを使って,入出力ができるようになった.

1. 入出力制御の位置付け

入出力を制御するオペレーティングシステムのプログラム(**入出力制御**などと呼ばれる)は,応用プログラムと入出力装置の中間に位置する(図5.3).入出力制御は,入出力装置に依存しない共通部と入出力装置の種類に依存する部分(**デバイスドライバ**と呼ばれる)とに分かれる.

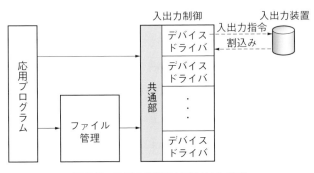

図5.3 入出力制御の位置付けと構成

さらに,応用プログラムに対してより論理的なインタフェース(ファイルのインタフェース)を提供するために,入出力制御の上位にファイル管理がある.

応用プログラムに提供されるインタフェースには,入出力制御のインタフェースとファイル管理のインタフェースの2つがある.ただし,後者だけが提供されるオペレーティングシステムもある.その場合でも,オペレーティングシステムの内部は2つの部分に分かれ,階層的に構成されているのが普通である.ファイル管理の詳細については次章で述べる.

2. 入出力要求

応用プログラムが入出力装置への入出力を行うには,入出力要求のシステムコールを発行する.このシステムコールでは次の情報,

またはそれに相当する情報を指定する．
- ・対象となる入出力装置
- ・入力または出力の区別
- ・入出力装置上の読み/書きの位置（指定が必要な場合）
- ・メモリ内のデータ位置
- ・データ長

前述の入出力指令が必要とする情報と本質的には差がない．ただし，より論理的な指定になる．

入出力要求には，入出力動作の完了を待つ**同期式**（要求を発行後，入出力動作が完了してから，要求元の応用プログラムに制御が戻る）と，完了を待たない**非同期式**（要求を発行後，入出力動作の完了を待たずに，すぐに制御が戻る）とがある．前者のほうが処理が簡単であるが，後者のほうがより高い性能を出すことができる．

▌3. 入出力要求の処理

入出力要求が発行されたとき，オペレーティングシステム内でどのような処理が行われるかを見てみる．ここでは基本の流れを説明する．なお，入出力要求は同期式とする．

図5.4で，左側は入出力要求のカーネル呼出しがなされた後の，カーネル内の処理である．要求元プロセスを入出力待ちの状態にする（これにはプロセススケジューラのプロセス状態を制御するルーチンを呼ぶ）．次に，論理的な入出力要求をもとに入出力指令をつくる．入出力装置がほかのプロセスのための入出力で使用中でないかどうかをチェックし，空いていれば使用中にして入出力命令を発行する．その後カーネルの出口に行き，別のプロセスが選択される．図5.4の右側は入出力が完了して，入出力割込みが起きた後の処理である．入出力装置の待ちキューの中をチェックし，待っている要求があればその実行を行う．要求元のプロセスの待ちを解除し（これにはプロセススケジューラのルーチンを呼ぶ），処理が再開できるようにする．その後カーネル出口に行き，次に実行するプロセスの選択が行われる（待ちを解除されたプロセスも選択対象に入る）．

なお，入出力要求を受け取り，入出力命令を発行する処理を**入出力起動処理**，入出力割込みの後の処理を**入出力完了処理**という．

第5章 入出力の制御

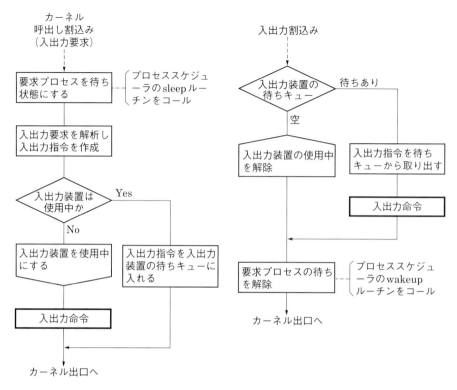

図5.4 入出力要求の処理の流れ

5.3 入出力の効率化

入出力の効率化のための種々の手法を述べる．これらの手法にはカーネル内で実現されるものや，カーネル外のライブラリ関数内で実現されるものもある．

1. ブロッキング

ハードディスクやソリッドステートドライブなどの外部記憶装置の連続した領域に入出力を行う場合，応用プログラムからの個々の入出力要求のデータ長は小さいことが多い．複数の入出力要求のデータをまとめて，大きなデータ長で外部記憶装置への入出力を行え

ば，実際の入出力は何回かの入出力要求につき1回ですみ，ハードウェアもオペレーティングシステムも効率が上がる．応用プログラムからの入出力要求で受渡しされるデータの単位を**レコード**と呼び，外部記憶装置への入出力でのデータの単位を**ブロック**と呼ぶ．そして複数のレコードをまとめて1ブロックとし，実際の入出力の回数を減らして効率を上げる方式を**ブロッキング（ブロック化）**と呼ぶ．

ブロッキングを図5.5に示す．入力の場合，将来の入力要求のためのデータも入出力装置から**先読み**されることになる．もしそれ以上入力要求が出ない場合は，むだになることもあるが，一般的には連続して入力要求が出ることが多いため有効である．

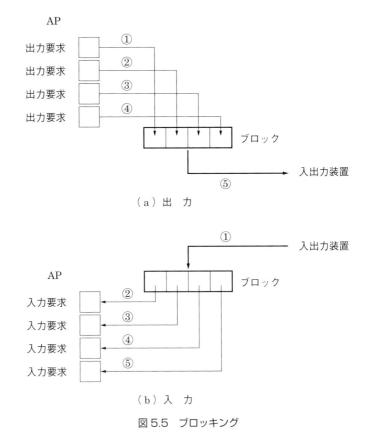

図 5.5　ブロッキング

UNIXのストリームへの入出力では，ライブラリ関数内でブロック化を行っているため，入出力のシステムコールの回数が減る．

■2. バッファリング

入出力データをいったんメモリ内の領域（**バッファ**）に蓄えることにより，入出力要求と実際の入出力動作とを非同期に行う方式を**バッファリング**と呼ぶ．応用プログラムの実行と実際の入出力動作を並行して行うことができ，能率が上がる．

バッファリングの基本形を図5.6（a）に示す．この図は出力の場合を示している．応用プログラム（AP）から出力要求が出ると，オペレーティングシステム内ではデータをバッファに書き，バッファに書かれたデータの入出力装置への出力を起動するだけで，入出力の完了を待たずに要求を完了させ，応用プログラムに戻る．こうすると，入出力装置への出力動作と応用プログラムの次の実行とが並行して行われる（バッファリングを行わないときは，入出力装置への出力が完了してから応用プログラムに戻るため，応用プログラムの実行と入出力装置の動作とは順次に行われる）．図に示した流れの例では，出力要求1はすぐに終わり，応用プログラムAPは実行を続ける．次に出力要求2を出したとき，すでに前の出力動作は完了していてバッファは空いているので，出力要求2はすぐに終わり，APは実行を続ける．次に出力要求3を出したとき，前の出力動作が完了しておらずまだバッファが使えないので，APは待ちになる．その後出力動作が完了してバッファが空けば，出力要求3も終わり，APの実行に戻る．

なお，入力の場合は，応用プログラムからの入力要求に先立って，オペレーティングシステムでバッファにデータを先読みしておくことにより，次の入力要求が待ちにならずに終われるようにする．ただし，応用プログラムが次にどこのデータを要求するかわからないので，先読みはむだに終わることもある．通常は，連続する次のデータを先読みすることが行われる*．

＊ 各種の応用プログラムの入力に関する振舞いを分析すると，前に入力したデータのすぐ次のデータが次の入力で要求される確率が高い．

1面バッファ方式：single buffering

図5.6（a）に述べた基本形は1つのバッファを用いるので**1面バッファ方式**と呼ばれる．

バッファの数を2つにして，要求ごとに交互にバッファを使うよ

5.3 入出力の効率化

うにすると，片方のバッファの出力動作（または入力動作）がまだ途中でも，次の出力要求（または入力要求）でもう1つのバッファに待たずに書き込める（または読み出せる）．この方式を**2面バッファ方式**といい，よく使われる．1面バッファに比べて要求が待ちになる確率が減り，効率が上がる．これを図5.6（b）に示した．

2面バッファ方式：double buffering

さらに多数のバッファを用意すれば，多数の入出力要求が続いて起こるような場合にも，要求が待ちにならずにすむ．ただし，入力については，むだになる確率が高くなってしまう．この方式を**多面バッファ方式**といい，多面のバッファを**バッファプール**と呼ぶ．これは図5.6（c）に示した．

バッファを2面以上の複数にするのは，応用プログラムと入出力装置間のデータの流れの平滑化が目的である．すなわち，入出力要求間の実行時間がばらついても，それがバッファで吸収されて，入

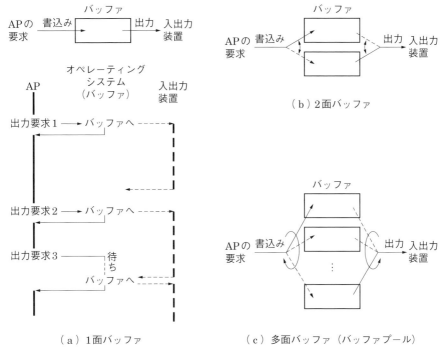

図 5.6　バッファリング（出力の場合を示す）

出力装置への入出力が順次行われ，かつ応用プログラムが待ちにならずにすむ，という効果がある．ただし，応用プログラムのプロセッサでの実行時間が入出力装置の入出力時間よりも全体として短い場合は，いくらバッファを設けてもしょせん入出力待ちになってしまう．

3. キャッシング

* キャッシュ（cache）とは，隠し場所を意味する．

外部記憶装置への入出力を高速の中間メモリ（**キャッシュ***と呼ぶ）を介して行い入出力の効率を上げる方式を**キャッシング**という．入出力されたデータをキャッシュに残しておくことにより，その後での入力要求がキャッシュ内のデータで満足されれば，キャッシュから高速の入力が行える（図5.7）．

キャッシングの場合，出力要求の処理方式にはいくつかある．

ライトスルー：
write through

① **ライトスルー**

出力時にはキャッシュに書くとともに外部記憶装置にもすぐに出力し，出力が完了してから要求元に戻る．外部記憶装置への出力を確実に行うことができ，信頼性が高い．

遅延書出し：
delayed write

② **遅延書出し**

キャッシュに書いたら出力要求は完了させ，実際の出力は後で行う．要求元から見て要求が短い時間で終わるが，実際の出力が完了する前に電源が切れた場合などにデータが失われる可能性がある．

UNIXではメモリをキャッシュに用いており，これを**バッファキャッシュ**と呼ぶ．出力は遅延書出し方式で，30秒に1回，その間

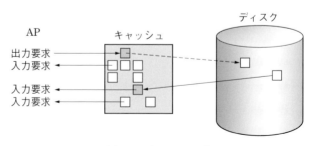

図5.7　キャッシング

にバッファキャッシュに書かれたデータをまとめて外部記憶装置に出力する[*1].

外部記憶装置内部のキャッシュはすべてハードウェアにより制御される.

*1 UNIXのバッファキャッシュは，ディスクなどのような，入出力を複数バイト（ブロック）を単位として行うブロック型装置の入出力に適用される．

4. ディスク入出力の効率化

磁気ディスク装置は入出力の中心であったため，以上に述べたような方法で入出力の効率化が図られた．UNIXでのブロック長は当初は512バイトと小さかったが，4.3 BSD版[*2]で4 KB以上になった．

さらに，磁気ディスク装置の構造を考慮した効率化も図られた．これは，シーク時間とサーチ時間をいかに少なくするかが性能向上のポイントになる．

*2 BSDは米国カリフォルニア大学バークレー校でUNIXを改良した版．4.3 BSDはその第4.3版．参考文献5）参照

同じ磁気ディスク装置への入出力が複数ある場合（磁気ディスク装置の待ちキューにある場合など）は，近いシリンダのものから順番にソートして入出力を行うことにより，シーク時間の合計が小さくなり，性能が上がる．さらにサーチ時間を少なくする考慮が図られることもある[*3].

*3 ディスクスケジューリングポリシーには各種あり，得失がある．

1つのファイルを磁気ディスク装置上のどの領域に置くかも，性能に大きく影響する．同一シリンダまたは近傍のシリンダ内に置けば，同一ファイルへ連続してアクセスするときの性能が上がる．

5. ソリッドステートドライブの効率化

ソリッドステートドライブは，ハードウェアの特性が磁気ディスクとは異なるため，磁気ディスク装置とは異なる効率化が必要になる場合がある．

まず，フラッシュメモリを用いたソリッドステートドライブは，書込み回数の制限や特殊な消去の仕方などに対応するため，フラッシュトランザクションレイヤ（FTL）と呼ばれる複雑なソフトウェアが動作して読み書きの順番や場所を制御している．そのため，磁気ディスク装置のようにOSがディスクスケジューリングポリシーを工夫するよりも，FTLに任せてしまって余計なことをしないほうが性能が上がる場合がある．

また，ブロックの再利用を効果的に行うために，OSが不要にな

った領域をソリッドステートドライブに伝えるためのTRIMという機能を活用することが多い．

なお，ブロッキングやバッファリング，キャッシングについては，ソリッドステートドライブでも入出力の回数を減らして効率を上げるために有効である．

演習問題

問1 非同期式の入出力要求の場合，要求元が入出力の完了を知るための方式を考えよ．

問2 オペレーティングシステムの入出力制御内にある入出力装置の待ちキューは，全体で1つあるのか，それとも入出力装置ごとにあるのか．また，このキューに乗るのはプロセスか，それとも入出力指令か．

問3 ブロッキングにおいて，一連の出力要求の最後にブロック内に残ったレコードが出力されない，ということを防ぐ方法を考えよ．

問4 ブロッキングは2面バッファと組み合わせると，効率的な入出力ができる（たとえ入出力要求間の実行時間がばらつかなくても）．応用プログラムが10ミリ秒ごとにレコード読取り要求を出すとし，ブロックは4レコードからなり，1ブロックを入出力装置から読むのに35ミリ秒かかるとする．ブロッキングだけの場合と，ブロックを2面用いて先読みする場合とを，タイムチャートを書いて比較せよ．

問5 キャッシュ内のデータの入替え法として通常LRUが用いられる．どのように制御するか（第10章参照）．

第6章

ファイルの管理

　ファイルにより，コンピュータでの情報の管理が容易になった．ファイルは入出力装置への入出力を抽象化したものとみることができる．本章ではファイルとそれを分類・整理するためのディレクトリの概念，操作，および内部構造について学ぶ．なおファイルの共用と保護については第13章で扱う．

■6.1　ファイル

▎1．ファイルとは

　ファイルとは，ひとまとまりのデータを記憶・保存するためのメモリ外部の場所のことであり，その場所は磁気ディスク装置やソリッドステートドライブなどの**外部記憶装置**の中にとられる．また，記憶・保存されているひとまとまりのデータのほうを指すこともある．

　ファイルを用いる主目的は，データをプログラムの実行終了後も保存しておき，後でまたプログラムを実行するときに利用するためである．ただし，プログラム実行時に，メモリ領域の不足を補うために一時的にデータを書き出す場所として利用する，という使われ方もある*．

＊　プログラム実行時だけ存在するファイルを一時的ファイルという．仮想メモリが広まる前はこのような使われ方も多かった．

ファイルが実際に格納されるのは外部記憶装置の**記憶媒体**の中である．記憶媒体は**取外し不可能媒体**（通常の磁気ディスク装置内のディスクなど）と**取外し可能媒体**（CD-ROM や USB メモリなど）とに分類される．後者は，ファイルを長期間使わずに保存しておきたいとき，またはファイルを別のコンピュータで利用したいときなどに用いられる．

2. ファイルの名前

ファイルには名前（**ファイル名**）を付けて区別する．初期のオペレーティングシステムではファイル名の付け方（名前の長さ，使える文字など）に制約が多かったが，現在は緩和されてきている．

オペレーティングシステムによってはファイル名の中にファイルの種別を表す文字列をサフィックスとして含めている．この部分を**ファイル拡張子**と呼ぶ．このときファイル名は

  ファイル名の主部．ファイル拡張子

の形式になる．Windows の場合で例えると，.exe は実行可能プログラムのファイルを，.bmp はビットマップ形式の画像ファイルを意味する．

Column ファイルに対する 2 つの設計思想

ファイルに対しては 2 つの設計思想がある．1 つは入出力装置の抽象化という考え方である．外部記憶装置も入出力装置の一種であり，結局はそこに対してデータの入出力が行われているわけである．しかし，応用プログラムが外部記憶装置を直接意識して入出力を行うと，装置のどの部分にどのデータを書いたかを応用プログラムが管理する必要がある．また，複数の応用プログラムが外部記憶装置を共用して使う，ということも難しくなる．そこで，応用プログラムにはファイルだけを意識させて，ファイルがあたかもその利用者用の仮想の外部記憶装置であるかのように入出力ができるようにする．ただし，実際の外部記憶装置には複数のファイルが存在する，ということをオペレーティングシステムが実現する．この考え方に立つと，ファイルへのアクセスのインタフェースとして入出力の操作が提供されるようになる．また，外部記憶装置以外の種々の入出力装置もファイルの一種として，抽象化して取り扱うことが可能になる．

もう 1 つは，メモリ（主記憶装置）の延長という考え方である．応用プログラム

がデータを利用する場合，メモリに取り込んでから処理する．すべての情報がメモリ内に記憶できればよいが，実際にはメモリ容量の制約から，外部記憶装置にも置かざるを得ない．そこで，外部記憶装置に置いたデータも，応用プログラムが利用するときにはメモリの一部として見えるように，オペレーティングシステムが制御する．仮想メモリのもとでは，その実現もしやすくなる．この考え方に立つと，ファイルへのアクセスのインタフェースは不要で，応用プログラムは単にメモリの一部であるとしてアクセスすればよい．

多くのオペレーティングシステムでは前者の考え方を基本としてファイルの機能が提供されている．

Multics では後者の考え方（Multics 開発者から見てより先進的な考え方）が採られた．しかし，UNIX では前者の考え方（旧来の考え方）を採用してすっきりした UNIX ファイルシステムを構成した．それが UNIX の成功の一因であると思う．

将来的には Multics の理想がもっと広まるかもしれない．

6.2 ファイルの編成

1. ファイル編成の種類

応用プログラムから見えるファイルの内部構造を**ファイル編成**という．ファイル編成は次の2つが基本である．

① 順編成

単位となる一定サイズのデータ（**レコード**という）が順次に（1次元的に）並んだ構造（図6.1）．レコードが1バイトである場合はバイト列になる．順編成ファイルへのアクセスは先頭から順次に行われる．すなわち，直前にアクセスしたレコードの次のレコードが次にアクセスされる．順編成はシリアルアクセス記憶装置*をモデル化したものである．

* 記憶場所が1次元の形で，データに順次にしかアクセスできない記憶装置．磁気テープ装置など．

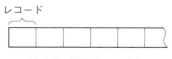

図6.1　順編成ファイル

② 直接編成

データへのアクセスの順番に関係する構造が何もない．アクセス時には，ファイル内のデータの位置とサイズを指定することにより，任意位置のデータにアクセスできる．直接編成はランダムアクセス記憶装置[*1]をモデル化したものである．

小型のオペレーティングシステムのファイルは順編成がベースとなっている．

OS/360の後継のオペレーティングシステムなどのメインフレームOS[*2]では順編成や直接編成に加えて，さらにいくつかのファイル編成を提供している．**索引順編成**のファイルは個々のレコード中にキーをもち，キーによるアクセスが可能である[*3]．

2. UNIX のファイルの編成

UNIX の最大の特徴はファイル構造が単純で，かつ柔軟であるという点であろう．ファイルはレコードが1バイトである順編成を基本に，シーク操作により直接編成としても使えるようにしたもの，ということができる（図6.2）．

- ファイルはバイトの1次元の連なりである．ファイル入出力では，バイト列を読み込んだり，または書き出したりする．
- 現在の読み書き位置を示すファイルポインタがある．ファイルに先頭からアクセスするときは，オペレーティングシステムが自動的にファイルポインタを増加させていく．
- ファイルポインタを任意のバイト位置へ位置付けることができる．この操作を**シーク**と呼んでいる[*4]．
- ファイルの容量の制約がなく，伸縮自在である．ファイルサイ

*1 記憶場所がどこであってもアドレスを指定してアクセスできる記憶装置．磁気ディスク装置など．

*2 本章では，主としてOS/360で確立された技術およびそれと相当する技術をもつオペレーティングシステムの意味でメインフレームOSという用語を用いる．

*3 索引順編成ファイルは本体部分（データ領域）のほかに索引部分（インデックス領域）をもつ．

*4 シークはディスク装置のヘッドの位置付けの類推である．

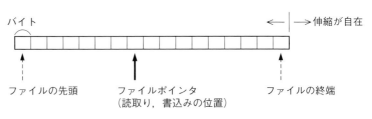

図 6.2 UNIX ファイルの編成

ズはオペレーティングシステムが制御しており，利用者は特に
意識する必要がない．
・応用プログラムから見て，入出力装置への入出力もファイルへ
の入出力も差がない．入出力装置もファイルとして統一して扱
われている．

3. メモリに見えるファイル

ファイルを仮想メモリの一部に見えるようにして，メモリとして
アクセスできるようにするものを**メモリ写像ファイル**という．メ
モリ写像ファイルを利用するには map 操作によりファイルを仮想メ
モリの一部に写像する．UNIX などはこの機能を提供している．

メモリ写像ファイル：memory-mapped-file

6.3 ファイルの操作

ファイル操作のために応用プログラムに提供されるインタフェー
ス（メインフレーム OS では**アクセス法**と呼ばれる）について説明
する．通常次のようなファイル操作機能がシステムコールとして提
供される．
・ファイルの生成（create）　新たにファイルをつくる．
・ファイルの削除（delete）　すでにあるファイルを削除する．
・ファイルのオープン（open）　ファイルを，データの読み書き
を行える状態にする．
・データの入力（read）　ファイルのデータをメモリに読み込む．
・データの出力（write）　メモリ上のデータをファイルに書き出
す．
・データの追加（append）　データをファイルへ追加書きする．
・ファイルのクローズ（close）　ファイルを，アクセスされてい
ない状態にする．
・ファイル名の変更（rename）

UNIX のファイル操作のための主なシステムコールを第 3 章の表
3.2 に示した．

6.4 ディレクトリ

1. ファイルの整理とディレクトリ

　ファイルの数が増えてくるとそれらのファイルをうまく分類・整理することが重要になるというのは，実際のファイルの場合でも，またコンピュータのファイルの場合でも同様である．実際のファイルの場合はファイル棚やキャビネットに分類して収め，いくらファイルの数が増えても必要なファイルを容易に取り出せるようにする．コンピュータの場合も考え方は同様である．ただしファイル棚やキャビネットの代わりに**ディレクトリ**を用いる．利用者はファイルの分類項目ごとにディレクトリをつくって，それぞれに関連するファイルを収める．

　利用者のビューとしては，ディレクトリは関連するファイルを収める場所に見える．そしてファイルFがディレクトリDに含まれる，といういい方をする．しかし実際は，ディレクトリはファイルの管理簿であり，対象のファイル群をポイントしている．図6.3 (a) は，ディレクトリAにファイルP，Q，Rが含まれる場合のポイントの関係を示している．

　Windowsではディレクトリのことを**フォルダ**と呼ぶ*．ファイルを収める入れ物という印象になる．ただし，Windowsの前のOSであるMS-DOSではディレクトリという用語を使っていた．

* フォルダとは紙ばさみのことで，米国ではよく使われる．複数の書類を folder に入れてキャビネットに収める，という使い方をする．

2. ディレクトリの階層構造

　分類・整理をする場合，ある分類項目の下をさらに細分することが行われる．これを可能にするために，ディレクトリにはファイルだけでなくまたディレクトリを含める（実際にはそれをポイントする）ことができるようになっている．図6.3 (b) では，ディレクトリBにディレクトリCとファイルU，Vが含まれる．そしてディレクトリCにはファイルX，Yが含まれる．ディレクトリに含まれるディレクトリを**サブディレクトリ**と呼ぶ．サブディレクトリはさらにそのサブディレクトリを含むことができ，何段階もの細分化ができる．このようにして複数のディレクトリが全体として**階層構**

造をとり，それによりファイルの数が増えてもそれらを体系的に整理できる．

　互いがサブディレクトリの関係にない複数のディレクトリがあるとき，それらの共通な親ディレクトリを用意して複数のディレクトリをそこに含めるようにすれば，全体が1つの体系になり管理しやすい．すべてのディレクトリが最上位の親ディレクトリから始まる階層構造をなすとき，それは最上位の親ディレクトリを根とする**木**

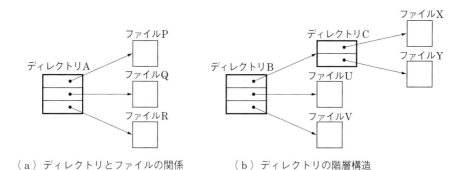

（a）ディレクトリとファイルの関係　　（b）ディレクトリの階層構造

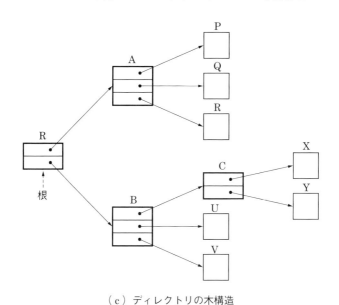

（c）ディレクトリの木構造

図6.3　ディレクトリ

構造になる．図6.3（c）で，ディレクトリA，Bの上にディレクトリRを置くことにより，全体がRを根とする木構造をなす．このようにファイルおよびそれを管理するディレクトリは全体として木構造として管理する．根および中間の節点がディレクトリで，葉がファイルである．

木構造をとるディレクトリとファイルの体系を**ファイルシステム**と呼ぶ．

▎3．ディレクトリの名前

ディレクトリにも名前が付けられる．

さらに，いくつかのディレクトリは次のような特別な呼び方で呼ばれる．

① **ルートディレクトリ**

木構造の一番上位（すなわち根）のディレクトリ．

② **ホームディレクトリ**

利用者の先頭ディレクトリ．その利用者に属するファイルやディレクトリはホームディレクトリの下につくる．

③ **カレントディレクトリ**（または**作業ディレクトリ**）

現在開いているディレクトリ．ここを起点としてファイルやほかのディレクトリを指定できる．カレントディレクトリは利用者の操作で移動できる．

▎4．パス名

ファイル名やディレクトリ名はそれが含まれるディレクトリの中ではユニークである必要がある．しかしディレクトリが異なれば同名のファイルやディレクトリがあってもかまわず，それらは別々のものである．

このため，ファイルやディレクトリを指定するにはそれが含まれるディレクトリの特定も必要である．ファイル名やディレクトリ名の指定方法には次がある．

① **単純名**

カレントディレクトリ内のファイルやディレクトリはそれらの名前（単純名）だけ指定すればよい．

② パス名

　ファイルシステムの中である特定のファイルやディレクトリを一意に指す名前で，次の2つがある．

- **相対パス名**　カレントディレクトリから目的のファイルやディレクトリに至る道筋を指定．例えば，サブディレクトリDの中のファイルYは，ディレクトリを/で区切るとすると，D/Yとなる．
- **絶対パス名**　ルートから始まり，目的のファイルやディレクトリに至るディレクトリ名を順に書く．ディレクトリを/で区切るとすると

　　/ディレクトリ名/…/ディレクトリ名またはファイル名

の形になる．これを完全修飾名ということもある．

5. UNIXのディレクトリ構成

　UNIXではシステム全体のファイルが1つの木構造として管理されており，システムに1つだけルートディレクトリ（/で指定される）がある．そのルートの下に，オペレーティングシステム用のファイルや利用者のファイルが階層的に整理されている．図6.4にUNIXのディレクトリ構成の例を示す．

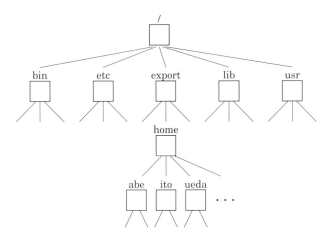

図6.4　UNIXのディレクトリ構成の例

6. MS-DOS のディレクトリ構成

　MS-DOS ではファイルを格納する外部記憶装置をドライブと呼び，ファイルの木構造がドライブごとにある．ドライブごとの先頭のディレクトリがルートディレクトリである．
　これが Windows のフォルダ構成の基礎になっている．

6.5　ディレクトリの操作

　ディレクトリ操作機能は主としてユーザインタフェースとして提供されている．主な機能を次にあげる．
　① 通常の利用者向け機能
　・ディレクトリの作成　カレントディレクトリ内にサブディレクトリを作成する．
　・ディレクトリの削除
　・ディレクトリ内容の表示　カレントディレクトリ内のディレクトリおよびファイルの一覧を表示する．
　・カレントディレクトリの変更　変更先のディレクトリを指定する．
　② システム管理者向け機能
　・部分木をつなぐ（マウント）　部分木を全体の木構造につなぐ．
　・部分木を切り離す（アンマウント）　部分木を全体の木構造から切り離す．

6.6　ファイルシステムの内部構造

1. ファイルシステムとボリューム

　1つの記憶媒体をファイルの蓄積場所の単位として，オペレーティングシステムでは統一的に**ボリューム**と呼ぶ（図6.5）．一般にファイルシステム全体は複数のボリュームからなり，また1つのボリュームに複数のファイルがとられる．
　UNIX の場合は個々のボリュームが1つの（サブ）ファイルシス

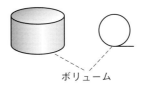

図 6.5　ボリューム

テムを構成し，ディレクトリもファイルも，そのボリュームに置かれる．そしてそれは全体のファイルシステムの部分木を構成する（図 6.6 参照）．

UNIX のディスクボリュームの構成を図 6.7（a）に示す．スーパブロックにこのファイルシステムの管理情報をもつ（空きブロックリストの場所など）．i ノードリストは各ファイルへのデータ領域の割当てを管理している i ノード（後述）の集まりである．

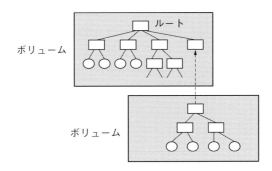

図 6.6　UNIX のファイルシステムとボリューム

図 6.7　ディスクボリュームの構成

メインフレーム OS の場合は，ディレクトリに相当する部分はひとまとまりになって**カタログ**と呼ばれる特別なファイルになっている．カタログおよび個々のファイルはいずれかのボリュームに置かれる．ディスクボリュームの構成を図 6.7 (b) に示す．**ボリュームラベル**にボリュームを区別するためのボリューム通し番号などが記録され，**ボリューム目次**（**VTOC**）にデータ領域の使用状況（ファイルへの割当て状況や空き領域の状況）が記録される．

VTOC: Volume Table of Contents

▌2. UNIX のファイルスペースの割当て

UNIX ではファイルごとに比較的小さなブロックを複数（1 個以上）割り当てる．基本的なファイルシステムでは，ファイルごとに複数ブロックの場所を記憶するために索引表をもつ．ブロック長は初期の UNIX では 512 バイトだったが，4.3 BSD*では最小で 4 KB と，広げられた．最近では 16 KB や 64 KB も使われる．ブロック数がある数（10 や 12）までは 1 段の索引表ですむが，それを超えると索引表が 2 段構成になる．大きいファイルに対処するため最大は 4 段構成までいく（図 6.8）．2 段目以降は 256 ブロック/表である．ブロック長を 4 KB とし 1 段目で 12 ブロックを指せるとすると，ファイルサイズが 4 KB×12＝48 KB までは 1 段ですむ．2 段目ではさらに 4 KB×256＝1024 KB がカバーできる．4 段構成では，64 GB を超えるファイルサイズまでが扱える．

* 5.3 節 4 項の側注（*2）参照．

最初（1 段目）の索引表は index node（略して **i ノード**）と呼ばれる．そのボリューム上のすべてのファイルおよびディレクトリ（ディレクトリも特別なファイルとして扱われている）の i ノードがリストになり，i ノードリストを構成している．なお，i ノードにはブロックへの索引のほかに，次のようなファイルの管理情報をもつ．

- ファイルの所有者情報
- ファイルのタイプ（通常ファイルかディレクトリか，など）
- ファイルアクセス許可情報
- 前回のファイルアクセス/更新時刻
- ファイルサイズ

UNIX のファイルスペース割当ての利点をあげる．

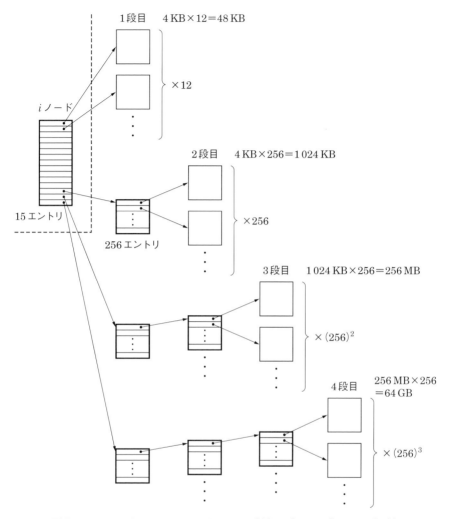

図 6.8　UNIX4.3BSD のファイルスペース割当て（4KB/ブロックの場合）

・自動のスペース管理（ユーザはファイルスペースの管理に煩わされない）
・ファイルサイズは伸縮自在.
・ファイルごとに最大に伸びる場合を考慮して大きなスペースを確保しておく，というむだがない.

UNIXでは，ファイルが1次元のバイト列のみであるため，柔軟なスペース割当てが実現できる．ただし，次の欠点もある．
- 1つのファイルの記憶場所が記憶媒体上に散らばるため，アクセスの効率が落ちる．

この問題に対処するため，さまざまな種類のファイルシステムが考案され，使われている．

3. メインフレーム OS のファイルスペースの割当て

メインフレーム OS の場合，ファイルスペースは大きなブロック（連続した記憶領域，**エクステント**と呼ぶ）で割り当てる．初期割当てでは1エクステントを割り当て，その後拡張割当てでエクステントを追加する．エクステントのサイズはファイルごとにユーザが指定する（初期割当て，拡張割当てそれぞれに行う）．

この方式の利点は次のものである．
- ブロック（エクステント）は記憶媒体上の連続した領域のため，連続した入出力の場合効率が良い．

ただし，次のような欠点がある．
- ファイルスペースの管理はユーザ責任．
- ファイルごとにあらかじめ大きなスペースを確保するむだがある．
- ファイルサイズの伸縮に制約がある．

4. ディレクトリの構造

UNIX の場合，ディレクトリはファイルの一種であり，簡単なテキスト情報からなる．そのディレクトリに含まれるファイルまたはディレクトリごとに，その i ノード番号と名前とが記録されている（図 6.9）．i ノード番号とは i ノードリストのエントリ番号で，そこに該当するファイルまたはディレクトリの i ノードがある．この簡単な仕掛けで，木構造をたどることができる．

メインフレーム OS の場合，ディレクトリはカタログの情報として管理される．ファイルの所有者情報やファイルアクセス許可情報はカタログの中に記録される．

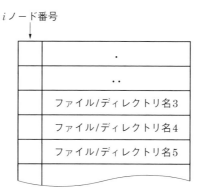

最初の名前（．）は自ディレクトリを表す．
2番目の名前（．．）は親のディレクトリを表す．

図6.9 UNIXのディレクトリの内部構造

6.7 ファイル管理プログラム

オペレーティングシステムのファイルを管理する部分は，UNIXではファイルサブシステムと呼ばれる．メインフレームOSでは**データ管理**と呼ばれ，カタログ制御，ファイルスペース制御，アクセス法がその構成要素である．

演習問題

問1 ファイルが（Multicsのようにメモリの一部ではなくて）メモリとは独立に存在することの利点を考えよ．

問2 近年のOSにおいては単純なファイル編成だけで間に合う理由を考えよ．

問3 UNIXのファイルは高トラフィックのオンラインシステムには向かない．なぜか．

問4 Multicsにはファイルはないが，ファイルシステムの木構造はあった．その理由を考えよ．

第7章

プロセスとその管理

　コンピュータ内で複数のプログラムを実行するために，オペレーティングシステムはそれぞれをプロセスとして管理する．プロセスとはプログラムを実行するコンピュータを抽象化したものとみることができる．本章ではプロセスの概念，オペレーティングシステム内部での実現，および実行制御の方式であるプロセススケジューリングについて学ぶ．

■7.1　プログラム実行制御とプロセス

▌1．プログラム実行の単位＝プロセス

　マルチプログラミングではオペレーティングシステムがいくつかのプログラムの実行を切り替える．このためオペレーティングシステムは実行されるプログラムに対して次のような管理を行う必要がある．

- ・プログラムの実行が中断されたときは，そのときのプログラムの実行環境（プロセッサのレジスタ類の内容など）をオペレーティングシステム内のそのプログラム用の退避領域に退避させておき，後で中断点からの実行が再開できるようにする．
- ・現在どのプログラムが実行中であり，どのプログラムが入出力

待ちの状態にあり，またどのプログラムがプロセッサでの実行を待っている状態であるか，ということ（すなわちそれぞれのプログラムの状態）をオペレーティングシステム内に常に記録しておき，プログラムの実行切替えの判断ができるようにする．

このように実行を管理される対象としてのプログラムは，普通のプログラムの概念とは違うものである．プログラムからほかのプログラムを呼び出した場合，この呼び出されたプログラムも同一の管理対象ということになる．またメモリ上の同一のプログラムが複数の利用者の仕事のために共用されて実行されていたら別々の管理対象になる．そこでこれを指すための別の用語が必要になり，**プロセス**または**タスク**という用語が使われるようになった．

プロセスという概念は，ハードウェアのプロセッサはプログラムの命令を順次に（シーケンシャルに）実行していく機械である，ということに関係している*．そしてプロセスはプログラム実行の1つの**制御の流れ**として定義された．ここで，制御とは機械命令を順次実行する制御を指す．1つの制御の流れとは，プログラム実行の1つの軌跡といってもよい（図7.1）．なお，利用者の側から見れば**プログラムの処理の流れ**，といったほうがわかりやすいだろう．

次に，プロセスのより進んだ定義について述べる．

* 順次実行がノイマン型コンピュータの本質である．

制御の流れ：
a flow of control

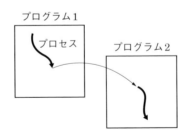

図7.1　プロセス＝制御の流れ

2. プロセス＝仮想的なコンピュータ

マルチプログラミングの環境において，それぞれのプログラムを実行する側から見ると，論理的にはそれぞれがあたかも自分用のプロセッサを与えられて使っているかのように見える．すなわち，そ

の自分用のプロセッサが，自分のプログラムの命令を順次実行して行く．ただし自分用のプロセッサは，実際のコンピュータのプロセッサに比べて性能的には遅いものになる（実際のプロセッサを共用して使っているのだから）．このそれぞれのプログラムを実行するための仮想的なプロセッサとそれにより実行されるプログラムを合わせた仮想的なコンピュータがプロセスである（図7.2）．なお，オペレーティングシステムによってはプロセスがさらに仮想メモリを与える単位にもなる（ますます完全なコンピュータとなる）．

ただし，プロセスはコンピュータをそのまま仮想化したものではなく，コンピュータを扱いやすく抽象化している．コンピュータのハードウェアをより忠実に仮想化した**仮想マシン**については11章で述べる．

この仮想的なコンピュータ，すなわちプロセスは，コンピュータ

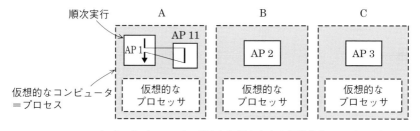

（a）プロセス＝プログラム実行のための仮想的なコンピュータ

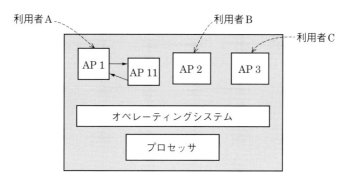

（b）実際のプログラム実行環境

図 7.2　仮想的なコンピュータとしてのプロセス

を使用中の利用者に対して1台，または複数台割り当てられる．そして，1台の仮想的なコンピュータは，利用者が指定したプログラムの集まりの中を，各命令を順次に実行していく．先に述べたプロセスの定義からも当然であるが，仮想的なコンピュータはプログラム実行の1つの軌跡（1つの制御の流れ）に対応する．

3. プロセスによる並列処理

利用者の観点からマクロに見れば，すなわち利用者から見た論理的なビューにおいては，プロセスはあたかも並列に動く．

これに対して物理的に，ミクロに見ると，次のようになる．

- プロセッサが1台のシステムでは，プロセスのプロセッサでの実行はシリアルである（ただし，プロセッサが複数台あるマルチプロセッサではプロセッサの数だけ並列に実行される）．
- しかし，入出力の完了待ちのような事象待ちはプロセス単位であり，ここは並列に動く（同一入出力装置への入出力などで順次化されることがなければ）．

プロセスという仮想的なコンピュータは，論理的には並列に動くものであり，実際にも一部の処理は並列に動く，ということは重要である．そして，実際にどの程度並列に動くかは実際のコンピュータ資源しだいである＊．

＊ 後で述べる多重プロセスのプログラミングでは，プロセスが事象待ちの単位でもあり，並列に待てる，ということをしばしば利用する．

4. 実際のオペレーティングシステムにおけるプロセス

UNIXでは，プロセスは仮想メモリ割当ての単位でもある．

OS/360では，プロセスの概念および機能がきちんと完成された．ただし，プロセスの代わりに**タスク**という用語を用いている．

利用者数と同時実行プログラム数から見たオペレーティングシステムの分類

オペレーティングシステムは，利用者数から次のように分類される．

単一ユーザ　ひとりの利用者向け
多重ユーザ　複数の利用者向け

また，同時実行できるプログラム数から次のように分類される．

単一タスク　利用者から見てコンピュータ（オペレーティングシステム）が一時に1

つのプログラムしか実行できないもの

多重タスク 利用者から見てコンピュータ（オペレーティングシステム）が同時に複数のプログラムを並列に実行できるもの

　オペレーティングシステムはもともと多重ユーザで多重タスクをサポートするものだった．パーソナルコンピュータのオペレーティングシステムは単一ユーザサポートである．多重タスクの場合，ひとりの利用者が複数のプロセスを使って，複数の仕事を並列に進めることができ，能率が上がる．

7.2　プロセスの実現

1. プロセスを構成するもの

　プロセスを内部的に形づくっているのは，次のような資源および情報である．オペレーティングシステムがプロセスの情報を管理し，ハードウェア資源の割当てを行うことにより，プロセスを実現している．

① プロセッサの実行環境

　プログラム実行時はプロセスがハードウェアのプロセッサを割り当てられて使っている．プログラムの実行が中断されたり，待ち状態になったとき，その時点のプロセッサの実行環境（命令カウンタ，演算レジスタ，その他のハードウェアレジスタの"内容"）がプロセスの退避領域に退避される．

② メモリ空間（アドレス空間）

③ 開かれているファイル

④ 親プロセスの情報

　プロセスは別のプロセス（親プロセス）によって生成される．

⑤ 使用ユーザの情報

　プロセスにはそれを使用している利用者がいる．

　オペレーティングシステム内ではプロセスに関する根幹の情報を1つのデータ構造に蓄えておく．そのデータ構造をプロセス制御ブロック，プロセス構造体，プロセス記述子などという．これには上のような情報（またはそれへのポインタ）およびその他の内部管理

用情報(プロセスの状態など)が蓄えられる.これがオペレーティングシステム内部でのプロセスの実体だといえる.

2. プロセスの状態の管理

プロセスという仮想的なコンピュータは,次の状態をもつ.
① **実行中状態**
プロセッサを割り当てられて実行中の状態.
② **レディ状態(プロセッサ待ち状態)**
プロセッサの割当て待ちであり,いつでも実行できる状態.
③ **待ち状態(事象待ち状態)**
何かの事象(例えば,入出力の完了)を待っており,実行はできない状態.

この状態遷移図を図7.3に示す.これらの状態を管理するのはオペレーティングシステムのプロセススケジューラである.おのおのの状態遷移の概要を説明する.

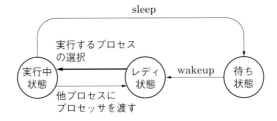

図7.3 プロセスの状態遷移図

- 実行中状態→待ち状態　実行中状態で何らかのシステムコールが出て,その中でプロセススケジューラ内の実行中プロセスを待ち状態にするサブルーチン(sleepルーチン)が呼ばれると,プロセスは待ち状態に遷移する.
- 待ち状態→レディ状態　待っていた事象が起こり,このプロセスに対してプロセススケジューラ内のプロセスの待ち状態を解除するサブルーチン(wakeupルーチン)が呼び出されると,待ちが解除されレディ状態になる.
- レディ状態→実行中状態　プロセススケジューリング(7.4節参照)でそのプロセスが選択された.

・実行中状態→レディ状態　プロセススケジューリングでこのプロセスに代わってほかのプロセスが実行中になった.

プロセスの状態遷移の例を図7.4に示す. この例ではプロセスP1が発行した入出力の完了割込みでP1はレディになるが, 実行中だったP3はそのまま実行中が続く, としている.

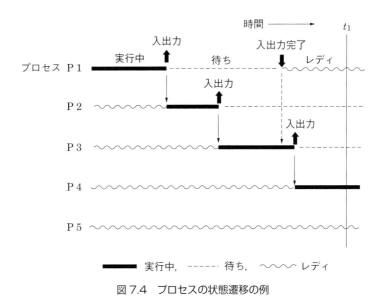

図7.4　プロセスの状態遷移の例

7.3　プロセススケジューラ

1. プロセススケジューラの役割

プロセスの実行を制御するオペレーティングシステムのプログラムが**プロセススケジューラ**である. これは割込み処理ルーチンと並んでオペレーティングシステムの構成上最も根幹のプログラムである. プロセススケジューラの役割は, 次のとおりである.

・プロセスの状態を管理する.
・実行すべきプロセス（プロセッサを割り当てるべきプロセス）を選択する.
・選択したプロセスにプロセッサ（の制御）を渡す.

2. プロセススケジューラが使うデータ構造

上記の役割を果たすために,プロセススケジューラは,原理的には,次の3つのデータ構造を使う.

① **実行中プロセスポインタ**
   実行中のプロセスを指すポインタ.
② **レディキュー**
   レディ状態のプロセスの行列.

行列：queue

③ **待ちキュー**
   待ち状態のプロセスの行列.

なおプロセスはプロセス記述子によって表される.例えば,ポインタで指されるのはそのプロセスのプロセス記述子である.

これらのデータ構造を用いたプロセスの管理の例を図7.5に示す.これは図7.4の最後(時刻 t_1)の状態を示している.レディキューの先頭がP5でその次にP1が並んでいる.

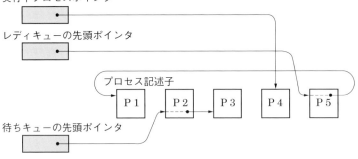

図7.5 プロセススケジューラによるプロセスの管理

3. プロセススケジューラのプログラム

プロセススケジューラは,原理的には,次の3つのルーチンからなる.それぞれの処理概要を図7.6に示す.

① **sleep ルーチン**
   カーネルのほかの部分から呼ばれるサブルーチンであり,実行中プロセスを待ち状態にする.

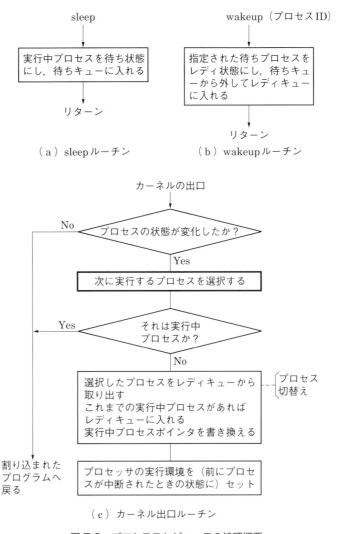

(c) カーネル出口ルーチン

図7.6 プロセススケジューラの処理概要

② **wakeup ルーチン**

　カーネルのほかの部分から呼ばれるサブルーチンであり，引数で指定されたプロセスの待ち状態を解除する．

③ **カーネル出口ルーチン**

　カーネルの出口の処理である．カーネルでの処理の結果どの

プロセスの内部状態も変化しなければ，割り込まれたプログラムに戻る．どれかのプロセスの内部状態が変化したときはプロセスの選択をする（選択のアルゴリズムについては次節で述べる）．これまでの実行中プロセスとは別のプロセスが選ばれた場合は，プロセスの切替えが起こる．選択されたプロセスをレディキューから取り出して実行中プロセスにし，これまで実行中だったプロセスをレディキューに入れる．次に，プロセスが前に中断されたときのプロセッサ環境を退避領域から取り出して，プロセッサにセットする（このために特別な命令語がある）．それがセットされたとき，カーネルモードからユーザモードへの切替えが行われ，ユーザモードの世界に入る．

7.4 プロセススケジューリングアルゴリズム

実行中プロセスおよびレディ状態にあるプロセスの中から，次に実行するプロセスを選択することを**プロセススケジューリング**という（**CPUスケジューリング**ともいう）．このための選択アルゴリズム（**プロセススケジューリングアルゴリズム**，または単に**スケジューリングアルゴリズム**という）には種々のものがある．

アルゴリズムによってプロセスへのプロセッサ資源の配分が変わるため，利用者から見たシステムの性能は変わる．また，システム全体の効率も変わる．

FCFS：First Come First Served

1. 到着順（FCFS）

先に生まれたプロセスを先に処理する．

利点：単純．公平．

欠点：長時間実行するプロセスがあったとき，その後に並ぶプロセスは（たとえ実行時間が短いものでも）長時間待たされる．

実行時間最短のものから：Shortest Processing Time First

2. 実行時間最短のものから

利点：プロセス実行完了までの時間の平均値が最小になる．

欠点：実現が困難（プロセスの実行時間をあらかじめ知るのは難しい）．

優先度順：
Priority
Scheduling

優先度：priority

3. 優先度順

プロセスごとに実行の**優先度**を（あらかじめ）与える．優先度順に処理する．

利点：優先度の高い（すなわち重要な）プロセスが早く実行されるという意味で，システム的な効率は良い．

欠点：優先度の低いプロセスが沈み込み，いつまでも実行されないことが起こる．

ラウンドロビン：
Round Robin

4. ラウンドロビン

プロセスを順繰りに短い一定時間（タイムスライスという）ずつ実行することを繰り返す．タイムスライスは 200 ミリ秒や 100 ミリ秒程度の大きさである．

利点：どのプロセスも公平に同時実行される（平均して n 個のレディプロセスがあるとすると，利用者からは，プロセスの実行時間が n 倍になったように見える）．

* オーバヘッドとは，あることを実現するために必要なシステム資源の消費などのコスト（第15章参照）．

欠点：実行切替えが頻繁にあり，オーバヘッド*が大きい．

この方式は TSS で生まれた．

5. 優先度順で同一優先度のプロセス群はラウンドロビン

利点，欠点とも「優先度順」と「ラウンドロビン」の組合せである．

6. ダイナミックディスパッチング

入出力が頻繁でプロセッサをあまり使わないプロセス（**I/O バウンドのプロセス**という）の実行優先度を上げ，逆に，あまり入出力がなくプロセッサを多く使うプロセス（**プロセッサバウンド**または **CPU バウンドのプロセス**という）の実行優先度を下げて処理する．I/O バウンドのプロセスを見付けるには，入出力待ちが終わったプロセスは一定時間優先度を上げる，などをする．

利点：プロセッサと入出力装置を並行処理させることになり，

システム全体の効率が上がる．トータルのプロセス処理時間が短くなる．

多段フィードバックキュー：
Multilevel Feedback Queues

■7．多段フィードバックキュー

優先度の付いた複数のレディキューをもつ．プロセスははじめは高い優先度を与えられる．あるレベルで，一定時間内に実行が終わらなければ，次のレベルに落とされる．

  利点：短いプロセスの処理が優先される．入出力待ちの解除後高い優先度が与えられれば，これでダイナミックディスパッチングも実現される．

  欠点：実行時間が長いプロセスの沈込みが激しい．

図7.7に，上で述べた1，2，4項についての比較を示す．プロセッサのみを使う3つのプロセスがほぼ同時に生まれたとしている．ラウンドロビンでは，9分後までは3つが切り替えて実行され，その後15分後までは2つが切り替えて実行される．これらのアルゴリズム間ではすべての実行が終わるまでのトータル時間に差はない（ただしオーバヘッドは無視できるとして）が，プロセスの実行完

アルゴリズム	プロセス (実行所要時間)	実行のタイムチャート →時間	実行完了 時間の平均
到着順（FCFS） （都合が悪い ケース）	P1 (30分) P2 (6分) P3 (3分)	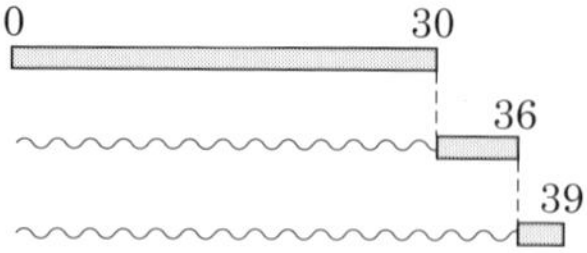 0　　　　　　　　　　30 　　　　　　　　　　　　36 　　　　　　　　　　　　　39	35分
実行時間最短 のものから	P1 P2 P3	 　　　　　　　　　　　　39 　　9 0　3	17分
ラウンドロビン	P1 P2 P3	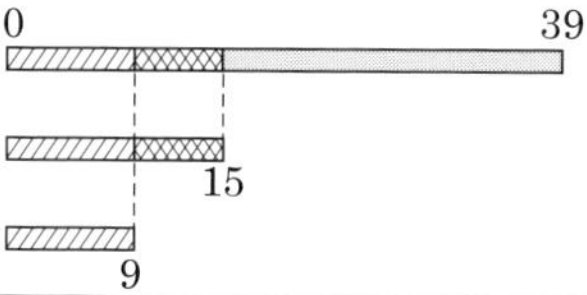 0　　　　　　　　　　　39 　　　　　15 　　　9	21分

図7.7　プロセススケジューリングアルゴリズムの比較

了時間の平均値に差が出る．到着順の場合はほかの長時間実行するプロセスにより待たされるということがあるが，ラウンドロビンは実行所要時間が短いものは常に先に終わる，という特性をもつ．

図7.8にダイナミックディスパッチングの効果について示す．

実際のオペレーティングシステムでは，「優先度順で同一優先度のプロセス群はラウンドロビン」や「多段フィードバックキュー」（WindowsやMac OS）などを採用しているほか，Linuxではキューの代わりに木構造でプロセスを管理してプロセス間の公平性を担保する公平共有（Fair-share）が採用されている．

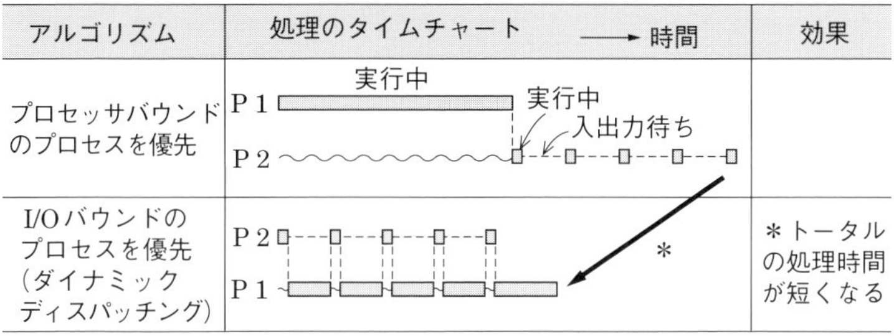

アルゴリズム	処理のタイムチャート　→時間	効果
プロセッサバウンドのプロセスを優先	P1　実行中　　実行中 　　　　　　　　　入出力待ち P2	
I/Oバウンドのプロセスを優先（ダイナミックディスパッチング）	P2 P1　　　　　　　　　　＊	＊トータルの処理時間が短くなる

P1：プロセッサバウンドのプロセス
P2：I/Oバウンドのプロセス

図7.8　ダイナミックディスパッチングの効果

7.5　スレッド（軽量プロセス）

UNIXなどのプロセスは，プロセスごとに別々のメモリ空間（アドレス空間という）をもっているため，以下のような場合にオーバヘッドが大きくなる．

・プロセス生成時に，アドレス空間の生成も必要である．
・アドレス空間が別なため，プロセス間でメモリを経由して簡単にデータを渡すということができない．プロセス間通信機能の利用が必要になる．

これらの問題点を解決するために，1つのプロセスの中に，さらに複数の制御の流れをもてるようにする．そしてそれらはアドレス

図 7.9　スレッド

空間を共有する．この制御の流れを**軽量プロセス**（オーバヘッドが小さいから軽量）または**スレッド**という（図7.9）*．

* 近頃では制御の流れの単位をスレッドといい，プロセスはアドレス空間などの資源を含めた単位を意味することが多い．以下の章では，プロセスはアドレス空間を割り当てる単位でもある，とする．

ネットワークのサーバなどの作成には複数の処理を並行して進めるためなどにスレッド機能を利用する．

UNIX では途中でスレッド機能が付加された．なお，OS/360 でははじめから，1つのメモリ空間のもとに複数の制御の流れ（タスク）を生成できる構造がきちんとでき上がっていた．これは当初からオンライン処理への適用を意図していたからである．

7.6　マルチプロセッサ

1台のコンピュータで複数のプロセッサをもつものをマルチプロセッサという．マルチプロセッサにはいくつかの種類があるが，典型的なものは，コンピュータ内の複数のプロセッサが主記憶装置を共用し，またオペレーティングシステムも1コピーであるものである（図 7.10 (a))．単に**マルチプロセッサ**といった場合はこれを指す．ほかの種類のものと区別するために，この形のものは**密結合マルチプロセッサ**（プロセッサ間の関係が密であることから）と呼ばれることがある．また，プロセッサ間の役割が同等であることから**対称型マルチプロセッサ**ということもある．

プロセッサはプロセス実行のための資源であると考えると，マルチプロセッサを理解しやすい．マルチプロセッサの場合，オペレーティングシステムのプロセススケジューラが同時に複数のプロセスにプロセッサを割り当てる．したがってプロセッサの数だけプロセスが並列に実行される（図 7.10 (b))．応用プログラムは，システ

7.6 マルチプロセッサ

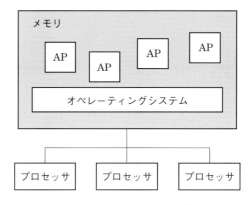

（a）マルチプロセッサの構成

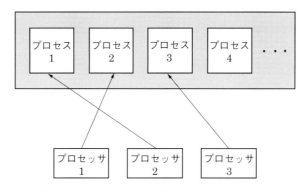

（b）マルチプロセッサのプロセススケジューリング

図 7.10　マルチプロセッサ

ムがマルチプロセッサであるかどうかを意識しなくても実行することができる*.

しかし，オペレーティングシステムには，マルチプロセッサを意識した設計をすることが求められる．通常はプロセッサの数に比例して性能が向上する性質（スケーラビリティという）をもっていることが期待されるが，実際にはオペレーティングシステムの内部で並列に実行できない所がネックとなって，あるところでプロセッサ数が増えても性能が飽和（サチュレーション）してしまう．そのため，オペレーティングシステムのスケーラビリティを向上させる試

* 応用プログラムでもマルチプロセッサを意識して設計した方が性能が向上することがある．

みが多数なされている．また，プロセッサによってメモリへのアクセス速度が異なる NUMA（Non-Uniform Memory Access）と呼ばれる環境では，プロセスをどのプロセッサやメモリ領域に配置するかによって性能が変化するため，NUMA を意識したプロセススケジューリングが行われる．

> **Column　マルチプロセッサのカーネル**
>
> マルチプロセッサを実現するためには，カーネルの処理が複数のプロセッサで同時に実行されても問題がないようにする必要がある．このために，プロセッサ間での排他的実行が必要な箇所はマルチプロセッサ用のロックを掛けて実行する．マルチプロセッサ用のロックを実現するために，メモリの内容の判定と変更を 1 命令で実行できる命令語が用意されている．

演習問題

問 1　複数のプロセスがメモリ上の同一プログラムを共用して動くことを可能にするために，オペレーティングシステムはプログラムのデータ領域をどのように扱えばよいか．

問 2　プロセススケジューリングアルゴリズムにラウンドロビンとダイナミックディスパッチングを併用しているオペレーティングシステムで，次に実行するプロセスをレディキューの先頭から取り出せばよいようにするために，次のそれぞれのときにプロセスをレディキューのどこにつなげばよいか．
（1）タイムスライスが来たときにそれまで実行中だったプロセス
（2）入出力が完了して待ちが解除されたプロセス

問 3　ラウンドロビンは，プロセスの実行時間に差があるときに，実行時間が短いプロセスを先に終わらせるのに有効である．プロセスの実行時間にあまり差がないときはどうなるか．

問 4　プロセスの概念がきちんと確立されているシングルプロセッサ用オペレーティングシステムを，マルチプロセッサでも動くようにするためには，（性能を考えなければ）割込み禁止で動く部分およびプログラムが主記憶装置常駐で動く部分だけを変更すればすむ．理由を考えよ．

第8章

多重プロセス

　複数のプロセスを用いた多重プロセスのプログラムでは，プロセス間で同期をとる必要がある．そのためにオペレーティングシステムは排他制御機能，事象の連絡機能，およびプロセス間通信機能を提供する．本章ではこれらの機能について学ぶとともに，これら3つの機能をオペレーティングシステムが内部的に実現するための原理は同等であることを学ぶ．

■8.1　多重プロセス，多重スレッド

　複数のプロセスを用いて構成されたプログラム，すなわち**多重プロセス**のプログラムや，複数のスレッドを用いて構成された**多重スレッド**のプログラムでは，1つのプログラムの中に複数の順次実行の流れ（制御の流れ）がある．応用プログラムがこれらの構成をとるのは次のような場合である．

- プログラムの主たる処理を進めながら，同時にネットワークからの入力を待ちたいとき．ネットワークからの入力は主たる処理とは関係しない独立のタイミングでやってくる（すなわち非同期に入ってくる）ので，主たる処理とネットワークからの入力とを別の制御の流れにする必要がある．

- プログラムの主たる処理を進めながら，同時に利用者からの入力を待ちたいとき，利用者がいつでも入力できて応用プログラムの処理を制御できることは，利用者にとって使いやすさを増す．また，人間は動作が遅く，すぐに応答してくれるとは限らないことなどから，利用者からの入力を非同期に受け取るほうが，プログラムの効率が上がる．
- 複数の端末や複数のクライアント*をサービスする応用プログラムでは，端末やクライアントからの複数の要求を要求ごとに別のプロセスやスレッドで処理することにより，同時処理が可能になり，効率が上がり，サービスも良くなる．
- 同時に複数の入出力装置を利用する応用プログラムの場合，入出力装置ごとにプロセスやスレッドを割り当てることにより，同時並行アクセスが可能になり，プログラムの効率が上がる．

* クライアントとは，ネットワーク環境でサービスの要求を出す側のプログラムまたはコンピュータをいう．12.4節参照．

しかし，多重プロセスや多重スレッドのプログラムは，なかなかプログラミングが難しい．それは次のような理由によるだろう．

- これまで，普通のプログラミング言語は，制御の流れは1つという前提で構成されており，多くのプログラマはそれに慣らされてきている．
- 人間の思考方法も順次に思考することが基本である．複数のことを同時に考え，行動することは難しい．

多重プロセスや多重スレッドのプログラムをわかりやすく構成するためには，プロセスやスレッドの処理を互いにできるだけ独立なものにするのがよいが，完全に独立にはなり得ない．プロセスやスレッドが1つの応用プログラムとして協力して仕事を進めるために，それらの間で連絡を取り合い，互いの処理の順番を調整したりするための機能，すなわち同期の機能が必要になる．本章ではそれを中心に述べる．

なお本章では，一般的な話題についてはプロセスとスレッドを区別せずにプロセスの話として述べる．

8.2 プロセスの生成と消滅

1. プロセスの生成

　新しいプロセスをつくる（生成する）ことは，プロセスのもつ機能の1つである．このとき，つくる側のプロセスを**親プロセス**，またつくられた側のプロセスを**子プロセス**と呼ぶ．子プロセスがさらにその子プロセスをつくることもある（図8.1）．

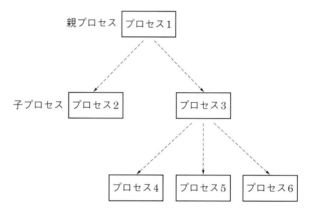

図 8.1　プロセスの生成

　応用プログラムは，まずはじめは1つのプロセスからなる．そのプロセスが親プロセスとなり，その下に子プロセス，さらにその子プロセス（孫プロセス）などをつくることができる．応用プログラムを構成するプロセス群全体を**プロセスファミリ**という．

　プロセスやスレッドが生成されるとき，オペレーティングシステムにより，それらに新たに資源が割り当てられたり，または親の資源が引き継がれたりする．スレッドの場合は親と同じメモリ空間となる．

2. プロセスの消滅

　生成されたプロセスが役目を果たしてもはや不要になったとき，そのプロセスを消滅させる方法として次の2つが考えられる．

- そのプロセスを生成した親が子プロセスを止める．
- プロセスが自分から終了する．

プロセスの消滅は後者の方法で行うのが望ましい．プロセスを外部から終了させると，そのプロセスが保有していた資源の後始末が難しくなる．例えば，プロセスが何らかのロック[*1]を保持したまま終了させられた場合，ロックが解除されず，後続のプロセスはそのロック待ちで止まってしまう．プロセスを消滅させるときは（自分の状態を一番よくわかっているわけだから），そのプロセス自身が必要な後始末を行い終了するのがよい[*2]．

*1 ロックとは排他制御用の変数のこと．8.3節参照．

*2 プロセスなどを終了させるときの処理（終了処理）では，オペレーティングシステムが割り当てていた資源の解除なども完全に行う必要がある．終了処理はオペレーティングシステムにとっても難しい処理である．

3. UNIXにおけるプロセスの生成と消滅

UNIXにおけるプロセスの生成と消滅の基本のやり方を図8.2に示す．

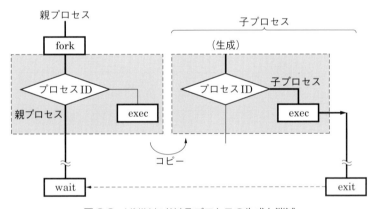

図8.2　UNIXにおけるプロセスの生成と消滅

プロセスの生成はforkシステムコールにより行う．forkを実行すると，新たにプロセスが生成される．生まれた子プロセスはとりあえず親プロセスのすべての環境をコピーされて受け継ぐ（メモリの環境，実行プログラム，ファイルの環境など．ただしアドレス空間は別である）．そして子プロセスの実行はfork処理の中から始まる．

fork実行後の戻り値として，親プロセスには子プロセスのプロ

セスIDが返り，また子プロセスには0が返るので，戻り値を判定することによって親と子の処理を分離することができる．子プロセスが新しいプログラムを実行するには，execシステムコールを用いて明示的に呼び出す．

　子プロセスの処理が完了したときは，exitシステムコールを発行する．すると子プロセスが終了したことが親プロセスに知らされ，親はwaitシステムコールを発行してこれを受け取ることができる．waitが先に出た場合は，子のexitが発行されるまで親プロセスは待ちになる．

8.3　プロセス間の同期機能：排他制御

　複数のプロセスがひとまとまりの仕事を協調しながら実行する場合，互いに連絡を取り合うことが必要になる．このために必要な**同期機能**は次のように分類される．
- 排他制御機能
- 事象の連絡機能
- プロセス間通信機能

　排他制御機能とは，複数のプロセスが，ある部分の処理だけを全体で順次に（シリアルに）実行できるようにするための機能である．事象の連絡機能とは，協調して動く2つのプロセスどうしで，ある状態になったこと（ある事象が発生したこと）を連絡し，またその連絡を受け取るための機能である．プロセス間通信機能とは，プロセス間でのデータの受渡しの機能である．

　これらの3つの機能は，互いの処理の流れを制御するということでの本質的な点は実はみな同じである．オペレーティングシステムによって，これらの機能の提供のしかたの流儀が異なる．

1. 排他制御の必要性

　2つのプロセス（またはスレッド）が協力して動く簡単なケースを考える．メモリを共有しているとして，そこにあるデータ（SUM）を互いが増加させるものとする．単純に考えれば，図8.3

第8章 多重プロセス

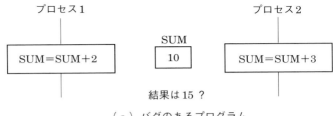

（a） バグのあるプログラム

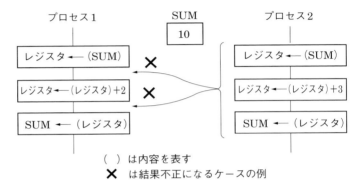

（ ）は内容を表す
✗ は結果不正になるケースの例

（b） 機械語レベルの処理

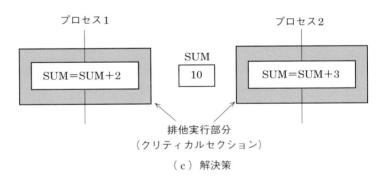

排他実行部分
（クリティカルセクション）

（c） 解決策

図 8.3　排他制御の必要性

(a) のように互いのプログラムでメモリ上のデータをそれぞれ増加させればよさそうに思える（はじめの値は 10 で，プロセス 1 と 2 がそれぞれ 2 と 3 ずつ増加させるので，結果は 15）．しかし，このプログラムにはバグがある．

　コンピュータがプログラムをどのように実行するかを詳細に考え

てみる．コンピュータによって実行されるのは機械語のプログラムである．メモリ上のデータに一定数を加える処理は，機械語では3命令で実現できるだろう（図8.3 (b)）．コンピュータは1命令ずつ実行していくが，命令と命令の切れ目では割込みが起こる可能性がある．この割込みはどこでも起こり得る．その理由は，次のとおりである．

- プロセススケジューリングはラウンドロビンで行われることが多い．その場合タイムスライスごとに割込みが起こり，プロセスの実行が切り替わる．このタイムスライスの割込みはどこで起こるかわからない．

* 第10章参照．

- 仮想メモリ*で動いているとき，ちょうど次の命令がページの先頭にあり，そのページはたまたま実際のメモリ上にないかもしれない．そのときは，次の命令にアクセスしようとしてアドレス変換例外割込みが起こる．そして実行プロセスの切替えが起こる．

プロセス1の3命令の途中で割込みが起こり，プロセス2に切り替わってプロセス2の3命令が実行されて，その後またプロセス1が実行されたとする．そのとき，すでにハードウェアのレジスタ（それはプロセスが実行中でないときはプロセスの退避領域に保存されている）に取り込まれていた古いSUMの値に2が加えられ，メモリに戻されるので，結果は12になってしまう．同様に，プロセス2の3命令の途中で割込みが起こり，そこでプロセス1の3命令が実行された場合は，結果は13になってしまう．

プロセスの実行は，どこで中断され，別のプロセスに切り替わるかわからない．したがって，同一メモリ領域に競合してアクセスすると，結果不正が起こり得る．これを防ぐには，**アクセスの競合**が起こらないように，それぞれの処理が排他的に，すなわち順次にしか実行されないようにする．そのような，プログラム内の排他実行の部分を**クリティカルセクション**という（図8.3 (c)）．

クリティカルセクション：critical section

2. 排他制御実現の原理

排他制御を実現するには，クリティカルセクションの入口でシステムコールを発行して，それ以降をクリティカルセクションとして

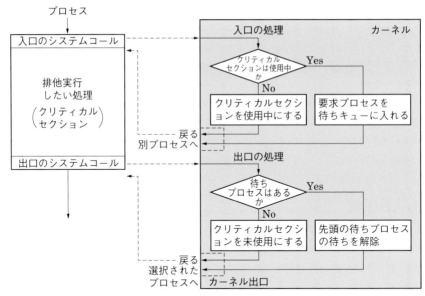

カーネル内の処理は排他実行される

図8.4 排他制御実現の原理

排他実行することを登録し，またクリティカルセクションでの実行が終わったらその出口でまたシステムコールを発行して，排他実行が終わったことをオペレーティングシステムに知らせる．図8.4にこの処理を示す．あるプロセスがクリティカルセクションで実行中に，プロセス切替えが起こって，別のプロセスが同じクリティカルセクションでの実行を要求してきた場合，後者のプロセスは待ち状態にされる．後で最初のプロセスが再度実行され，出口のシステムコールが出たとき，待っていたプロセスの待ちは解除される．

以上のオペレーティングシステムの処理がうまくいくための前提は，カーネルの処理自身が排他実行されるということである．さもないと，入口や出口の処理が成立しない．シングルプロセッサの場合，カーネル処理の排他実行を実現する最も簡単な方法は，カーネルを割込み禁止にすることである．マルチプロセッサではカーネルを割込み禁止にするだけでは不十分で，カーネル内でプロセッサ間での排他制御のためのロックが必要になる（第7章参照）．

3. lock/unlock による排他制御

前項で述べた原理をそのまま実現するシステムコールである lock/unlock を使ったプログラムの例を図 8.5 に示す[*1]．排他実行を制御するためにロックと呼ばれる変数を用いる（部屋などを排他使用するための錠に相当する）．プロセスは特定のロック A を確保した後，排他実行したい処理をする．同図（b）にロック競合時の処理を示す．プロセス 1 が先に lock[*2] を発行してロックを取る（①）．その後プロセス 2 も同じロック A を要求（lock）してくると（②），プロセス 2 はロックが取れず待ち状態になる．プロセス 1 が

*1 システムコールの名称はオペレーティングシステムによって異なる．

*2 lock 操作は施錠に相当．

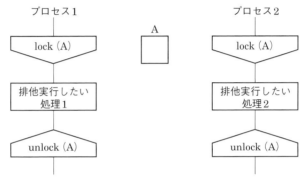

（a）lock/unlock を用いたプログラム

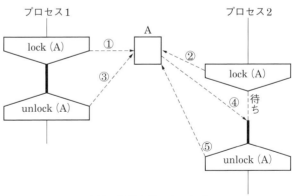

太線は排他実行したい処理
（b）競合時の処理

図 8.5　lock/unlock による排他制御

unlock を発行すると（③），プロセス2の待ちが解除され（④），今度はプロセス2がロックを取る．プロセス2がunlockを発行するとロックAは未使用になる（⑤）．

4．セマフォを用いた排他制御

原始的な同期機能として**セマフォ**がある．これは腕木信号機[*1]をモデルとしたシンプルな同期機能である[*2]．セマフォの機能は次のとおりである．

① 同期用の整数変数をセマフォという．これは0または1で初期化される．

② セマフォを引数とした2つの操作，DOWNとUPがある[*3]．

③ プロセスがDOWN（S）を発行したとき，セマフォSの値を−1する．その結果：
・値が非負であれば，プロセスは次の処理へ行く．
・値が負になれば，プロセスは待ち状態にされ，そのセマフォに対応した待ち行列に入れられる．

④ プロセスがUP（S）を発行したとき，セマフォSの値を+1する．その結果：
・値が正であれば，それ以上何も起こらない．
・値が正でなければ，そのセマフォに対応した待ち行列から1つのプロセスを外して待ち状態を解除し，レディ状態にする．

このセマフォを排他制御に用いるには，初期値を1とし，クリティカルセクションの入口でDOWNを出し，また出口でUPを出す．これを図8.6に示す．DOWNとUPは上述のlockとunlockと同じ機能を果たす．競合時の処理を同図（b）に示す．ここでは3プロセスが競合した場合を示している．整数変数のセマフォが，複数プロセスの待ちをうまく制御している．

UNIXはセマフォ機能をもつ．

5．モニタ

クリティカルセクションがプログラミング言語レベルで提供されるものとして**モニタ**[*4]がある．Javaではモニタに基づく同期機能を提供している．

[*1] 腕木信号機：semaphore. 腕木の上下で信号を表す．昔の鉄道などで使われていた．

[*2] セマフォによる同期機能はダイクストラ（Dijkstra）が1968年に提案した．

[*3] DijkstraはPとSという名前を使ったが，わかりやすくするためタネンバウム（参考文献6））にならってここではDOWNとUPとする．

[*4] モニタはHoareが1974年に提案した．

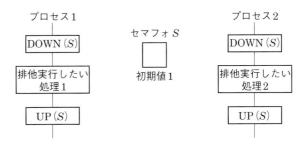

（a）セマフォを排他制御に用いたプログラム

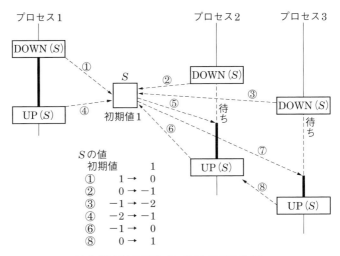

（b）競合時の処理（3プロセス間の場合）

図 8.6 セマフォを用いた排他制御

8.4 プロセス間の同期機能：事象の連絡

1. プロセス間の事象の連絡の必要性

　排他制御により，プロセスどうしが競合することなく，処理を見かけ上並列に進めることができる．しかし，多重プロセス（または多重スレッド）においてはこれだけでは十分ではない．あるプロセスの処理がほかのプロセスの処理に依存している，ということがある．例えば，あるプロセスは別のプロセスの処理結果の連絡を待

第8章 多重プロセス

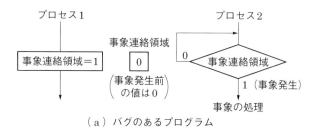

（a）バグのあるプログラム

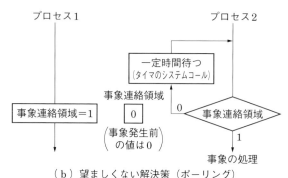

（b）望ましくない解決策（ポーリング）

図 8.7　プロセス間の事象の連絡の難しさ

ち，それを受け取ってから先に進む．連絡を待つ簡単な方法を図 8.7（a）に示す．しかしこれにはバグがある．プロセス 2 が先に実行されると，プロセス 2 がループしてプロセッサを専有してしまうので，プロセス 1 が実行される機会がない．したがって，一種のデッドロック*状態になってしまう．

* 8.6 節参照．

　ループになるのを防ぐ方法の 1 つは，タイマをかけてときどき動いて，連絡が来ているかどうかをチェックする．このようにときどき調べに行く方法を**ポーリング**という．しかし，これは効率が悪い．事象の連絡もやはりオペレーティングシステムが仲立ちする必要がある．

2. 事象の連絡機能実現の原理

　むだのない事象の連絡と受取りを実現するには，それぞれをシステムコールにする（図 8.8）．事象発生の連絡のシステムコールの処理では，事象待ちプロセスがある場合には，先頭の待ちプロセスの

8.4 プロセス間の同期機能：事象の連絡

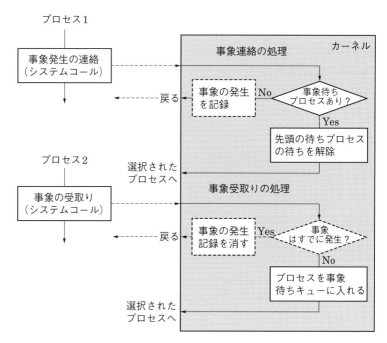

カーネル内の点線部分がない方式もある．
（そのとき「事象の受取り」ではなく，単に「待ち」操作になる）

図 8.8 プロセス間の事象の連絡機能の原理

待ちを解除する．事象の受取りのシステムコールの処理では，事象がいまだ発生していない場合には，受取りプロセスは待ちになる．

なお，図 8.8 のカーネル内の処理で，点線で表された処理を含めない方式もある．すなわち，事象発生の連絡では，待ちプロセスがなければ，システムコールは何もせずにリターンする．また，事象の受取りでは必ず待つ（したがって，事象の受取り操作ではなく，待ち操作）．

前者はオペレーティングシステム内で事象発生の記憶をもつ方式であり，また後者は事象発生の記憶をもたない方式である．

3. セマフォを用いた事象の連絡

セマフォの初期値を 0 とすれば，UP を事象発生の連絡，DOWN を事象の受取りとして用いることができる（図 8.9）．これはオペレ

第8章 多重プロセス

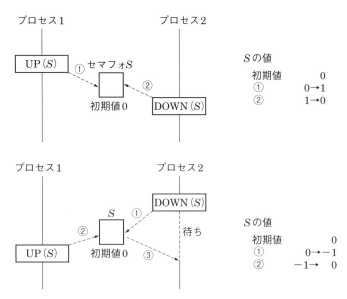

図8.9 セマフォによる事象の連絡

*OS/360およびその後継オペレーティングシステムのPOST/WAITも機能的に同等である.

ーティングシステム内で事象発生の記憶をもつ方式である*.

セマフォは簡単な機能ながら，排他制御と事象の連絡の両方に用いることができる．これは逆の見方をすると，排他制御と事象の連絡は同期機能としての本質に差はない，ということになる．図8.4と図8.8に示した2つの原理の図をよく見れば，クリティカルセクションの入口の処理と事象の受取りの処理は同等であり，またクリティカルセクションの出口の処理と事象発生の連絡の処理は同等であることがわかる.

4. Javaの同期機能

JavaのAPIではスレッドがサポートされており，またスレッド用の同期機能も提供されている．Javaの同期機能を使った生産者・消費者のプログラムを図8.10に示す．生産者はデータを準備し，バッファ経由で消費者に渡す．そのとき，生産者はバッファが空かないと次のデータを入れられない．また消費者はバッファにデータが入らないと，データを受け取れない．この連絡を行うために，notifyとwaitのメソッドが使われている．これらは事象発生の記憶

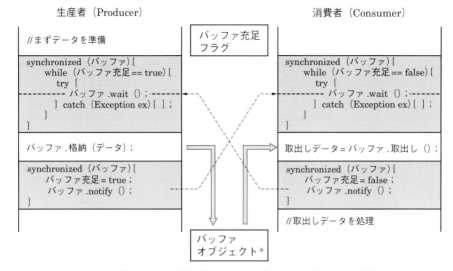

*バッファオブジェクトは格納()と取出し()メソッドをもつとする．
アミ掛け部分はクリティカルセクション（Javaではモニタと呼ばれる）．

図8.10　Javaの同期機能の使用例

をもたない連絡方式である．事象の連絡にはフラグも用いている．フラグの操作とnotifyとwaitの発行はすべてクリティカルセクションの中で行っている．クリティカルセクションはsynchronized文で指定される．これは前述のモニタに基づく方式である．なお，waitするとモニタを離れるので，モニタ中で実行されるnotifyを受け取ることができる．

8.5　プロセス間の通信

1. プロセス間通信機能

プロセスどうしがデータ（メッセージということも多い）を送り，また受け取るための機能を**プロセス間通信機能**（**IPC機能**）という．

IPC：Inter Process Communication

前述した排他制御機能と事象の連絡機能というプロセス間同期機能とプロセス間通信機能とは，受け渡されるデータ量の多寡を別に

すれば，制御機能としての本質は同等である．

▍2. UNIX のパイプ

パイプは UNIX が提供する IPC 機能の1つである（図 8.11）．

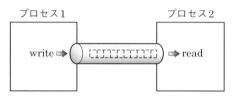

図 8.11　UNIX のパイプ

パイプはプロセス間にある仮想的な1方向の通信路である．パイプは pipe システムコールでオープンされる．パイプは一種のファイルであり，片側から見ると書込み用ファイルで，また別の側から見ると読取り用ファイルである．

パイプは中にバッファ（データの一時記憶場所）をもつ．パイプへの書込みは，ファイルの場合と同じ write システムコールで行う．ただし，パイプの中にたまっているデータが一定量を超えると，write は待たされる．読取りは read システムコールで行う．データが空なら read は待たされる．

■8.6　デッドロック

同期の取り方が不適当で，処理が先に進めなくなってしまうことを**デッドロック**という＊．多重プロセスや多重スレッドに特有のバグである．

＊ deadlock は手詰まりを意味する．なお，ロックは lock（錠）であり rock（岩）ではない．

デッドロックの例を図 8.12 に示す．同図（a）で，プロセス1がロック A，プロセス2がロック B を確保した後，プロセス1はロック B を待ち，また，プロセス2はロック A を待って，両方とも先に進めなくなる．同図（b）は三すくみによるデッドロックである．

デッドロックはあるロックを取った後，多重に別のロックを取ろうとする場合に起こり得る．

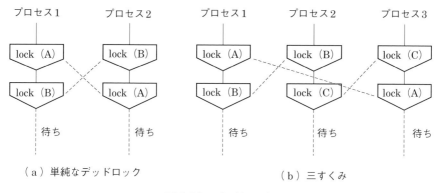

図 8.12 デッドロック

多重にロックをとるときのロック順を決めておけば，デッドロックは回避できる．

演習問題

問 1 複数クライアントからの要求を処理するサーバのプログラムを単一プロセスで構成したときに生ずる問題点の例を述べよ．

問 2 プロセス間の排他制御を，応用プログラムレベルで共有メモリ上に設けた使用中フラグを用いて実現しようとしても難しい．なぜか．

問 3 UNIX のパイプ機能を使って 2 つのプロセスがデータの受渡しを行う．プロセス A は，パイプのバッファ容量の半分のサイズのデータの write を 6 回繰り返す．プロセス B は，同じサイズのデータの read を 6 回繰り返す．2 つのプロセスは同時に実行が開始されるものとする．次の場合に，それぞれ write, read がどういう順番に発行されるか．なおプロセッサは 1 台とする．
(1) プロセス A の実行の優先度が B より高いとき
(2) プロセス B の実行の優先度が A より高いとき

問 4 図 8.12（b）で，プロセス 3 の処理を変更することにより，デッドロックを回避せよ．

問 5 ロック中のロックの関係を，ロックをノードとした有向グラフで表すと，これにループができる場合にデッドロックが起こる．図 8.12 の 2 つのケースを有向グラフで表せ．

第9章

メモリの管理

メモリはコンピュータの重要な資源の1つである．コンピュータ内で複数のプログラムが動くためには，メモリの割当て管理が必要であり，これはオペレーティングシステムの仕事である．本章ではメモリ領域へプログラムを配置する方法，メモリ領域割当てのアルゴリズムなどメモリ管理の基本事項を学ぶ．

9.1 メモリ資源

プログラムを実行するためにはメモリの領域を必要とする．メモリ（の領域）はコンピュータの重要な資源の1つである．

メモリの領域はいろいろな目的で分割して使用される．
- 多重ユーザシステムでは同時にシステムを使用している複数利用者（のプロセス）にそれぞれ領域を割り当てる．
- オペレーティングシステムにも領域を割り当てる．
- ひとりの利用者の範囲でも，同時に実行される複数のプログラムのそれぞれに領域を割り当てる．
- 1つのプログラムでも，手続き部分とデータ部分とにそれぞれ領域を割り当てる．
- さらに，1つのプログラムで，動的にデータ領域を確保して使

第 9 章 メモリの管理

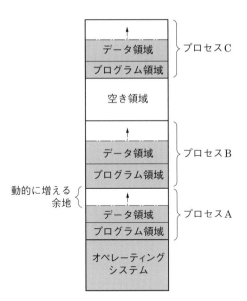

図 9.1 メモリの分割使用の例

いたいことがある．

図 9.1 に例を示す．これらのために，メモリの割当て管理が必要であり，それはオペレーティングシステムの仕事である．

システム全体から見て重要なメモリ資源は**主記憶装置（主メモリ，メインメモリ）**である．

メモリ資源は，物理的な主記憶装置領域と，プログラムを実行するための論理的な**番地空間（アドレス空間）**とを分けて考えたほうがよいことがある．仮想記憶（仮想メモリ）方式では，プログラムに直接見えるメモリは後者である．

■9.2 メモリへのプログラムの配置

┃1．プログラム配置の自由度

コンピュータのメモリを割り当てられて実行されるプログラムは，当然ながら機械語になったオブジェクトプログラムである．機械語のプログラムでは，メモリのデータにアクセスしたり，また離

れた命令にジャンプしたりするのは，すべてメモリのアドレスをもとに行う．

　メモリ領域を複数のプログラムに分割して割り当てると，各プログラムは異なるメモリアドレスの範囲を割り当てられることになる．どのメモリアドレスの範囲を割り当てられるかがプログラム作成時に決まっていれば問題ないが，通常それは無理である．プログラムが実行される段階で，あるメモリアドレスの範囲を割り当てられて，そこで問題なく動くようにするためには，プログラムの配置の自由度を実現する手法が必要である（図9.2）．

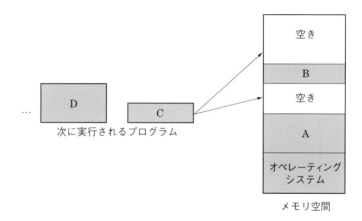

図 9.2　プログラム配置の自由度の必要性

2. 再配置ローダによる方法

　外部記憶装置上にあるプログラムを，割り当てられたメモリ領域に読み込む（ローディングする）ときに，プログラム実行のための絶対番地を決定する方法である．コンパイラまたはリンカ*が作成するオブジェクトプログラムは，各命令語内の番地が未決定な形式（**再配置可能形式**）にしておく．プログラムのローディング時に，ローディングをつかさどるプログラム（ローダ）が，ローディングする領域に応じて命令語内の番地を絶対番地に書き換える．これによりメモリ上のプログラムは最終的な実行可能形式になる．これを行うローダを**再配置ローダ**という．初期のオペレーティングシステムで用いられた方式である．

＊　複数個のコンパイル結果を結合して1つの実行用プログラムにするためのプログラム．リンケージエディタともいう．

再配置可能形式：relocatable format

3. 再配置レジスタによる方法

再配置レジスタ：
relocation register

ベースレジスタ：
base register

特別なレジスタ（**再配置レジスタ**あるいは**ベースレジスタ**という）を用いてハードウェアが自動的に絶対番地をつくる方法である（図9.3）．

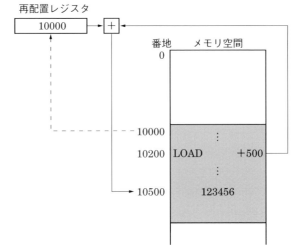

プログラムは10000番地からローディングされている，としている．

図9.3　再配置レジスタを用いた実行

コンパイラまたはリンカが作成するオブジェクトプログラムは，あたかも0番地からローディングされるようなプログラムにしておく．プログラムの実行時，プログラムに割り当てられたメモリ領域の先頭アドレスを再配置レジスタにセットする．これはオペレーティングシステムが行うか，またはコンピュータによってはプログラムが自分で行う．プログラム実行時の実際のアドレスは，プログラム中のアドレスに再配置レジスタの内容を加えたもの（その操作はハードウェアにより自動的に行われる）となる．

4. 仮想記憶方式による論理的なアドレス空間の利用

仮想記憶方式では論理的なアドレス空間が実現される（次章参照）ので，プログラム配置の自由度の問題の一部分は解決される．例えば，利用者ごとにアドレス空間が違えば，すべての利用者が同

じ論理アドレスにプログラムをローディングすることはなんら問題がない．しかし，1つのアドレス空間内に多数のプログラムを動的にローディングして利用したい，という要求もある．この場合は前項（3.）で述べたような方式を併用する必要がある．

9.3　プロセスのメモリ領域の管理

プロセスには，プロセスの実行のためのメモリ領域が割り当てられる．

このメモリ領域，すなわちプロセス実行のためのメモリ空間は，次のようないくつかの内部領域から構成される．

- プログラムの手続き部分
- プログラムの固定データ部分
- 動的割当て領域　プログラム中からの動的なメモリ割当て要求に応じて，ここから割り当てる．ヒープと呼ばれる．
- スタック領域　プログラム実行のためのスタック*

ヒープ：heap

* スタックとは，サブルーチン呼出し時の情報退避領域や局所変数の格納領域として使われる後入れ先出しの記憶領域．

動的割当て領域とスタック領域はサイズが動的に伸びていけるよう，その余裕をもって領域を割り当てる必要がある．

UNIXではプロセスごとにメモリ空間をもつ．その構成を図9.4に示す．動的割当て領域とスタック領域が逆の方向から伸びるようにして，領域を効率良く使えるようにしている．

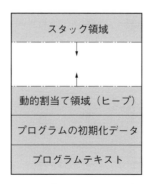

図9.4　UNIXプロセスのメモリ空間の構成

9.4 メモリ領域の確保・解放機能

1. 概　要

プログラムのデータ領域には次の2種類がある．
① プログラム作成時にサイズが決まるもの．
② プログラム実行時に動的にサイズが決まるもの．例えば入力データの量に応じて，それを処理するのに必要な領域のサイズが決まるもの．

前者はプログラミング言語のデータ構造（変数，配列など）として定義すればよい．そしてプログラムのローディング時に必要なメモリが割り当てられる（なお，初期化が必要のない領域は，ローディング時に動的なメモリ確保をするかもしれない）．後者のためには，データ領域を動的に確保・解放する機能が必要になる．このために必要な機能は次の2つである．

- メモリ領域の確保　必要サイズを指定して，確保要求を出す．オペレーティングシステムが動的メモリ割当て領域から必要サイズの領域を割り当て，割り当てた領域のアドレスを要求元に返す．
- メモリ領域の解放　割り当てられた領域の使用が終わったら，割り当てられた領域のアドレスを指定して，領域の解放要求を出す．解放された領域は空き領域として，以降の割当てで使われる．

2. ISO C言語規格の標準ライブラリ関数

ISO C言語規格の標準ライブラリにはデータ領域の確保・解放のための2つの関数がある．もともとはUNIXのライブラリ関数でサポートされていたものである．

＊ malloc は memory allocation を略したもの．

malloc*
　　指定されたバイト数のメモリブロックを割り当て，そのブロックへのポインタを返す．
free
　　以前にmallocで割り当てられたメモリブロックを解放する．

3. UNIXのシステムコール

UNIXでは，データ領域の割当て用にbrkシステムコールがある．これはプロセスの動的割当て領域に割り当てられている空間量を動的に変更するためのものである．動的割当て領域の最上位アドレス（break値という）が，このシステムコールの引数で与えた値に変更される．したがって，領域が伸びる場合と縮む場合とがある．

UNIXはライブラリ関数としてmallocとfreeももっている．mallocとfreeは頻繁に使われることを考慮して通常はライブラリ関数内で処理がすむようにしている．そして，割り当てるべき空き空間がなくなったときにシステムコールbrkを呼んで，システムから追加のメモリ割当てを受ける．

ごみ集め：
garbage collection

互換性と処理のオーバヘッドの両面から，応用プログラムにはmallocとfreeを使うことが推奨されている．

Column　メモリ領域解放に関する注意

メモリ領域解放はときどき厄介なバグの原因になるので，使用時には注意が必要である．

そこで，応用プログラムにはメモリ領域解放機能を提供しない，というやり方もある．Java言語では，オブジェクト生成がメモリ領域の割当てになるが，メモリ領域の解放はプログラムには意識させない．システム（Java仮想機械）がときどき，使われなくなったオブジェクトの領域を回収（ごみ集め）する．

9.5　メモリ領域割当てアルゴリズム

メモリ領域の割当て方式には，できるだけメモリを効率良く割り当てることと割当て処理のオーバヘッドが小さいことが望まれる．なお，ここで述べるのはプログラム領域，データ領域にかかわらずメモリ領域割当ての一般的な話である．

1. 空き領域の管理

ある連続した割当て用のメモリ領域において，個々の要求に応じた割当てと使用終了による返却を繰り返すと，空き領域がとびとびに存在することになる．これらの空き領域は管理しておき，次の割当て要求が来たとき，どれかの空き領域の中から必要な分の領域を割り当てる．この空き領域の管理方法には次のようなものがある．

① ビットマップ方式

メモリ領域を割当ての最小単位で区分けし，それぞれの単位ごとに割当て済みか空きかを1ビットで表す．これにより全体の割当て/空きの状況はビットマップとして管理される．割当てプログラムが空き領域を探すには，このビットマップをサーチすればよい．

② リスト方式

空き領域を1つのリンクされたリストとして管理する．このリストは空き領域の中に保持することもできる．その例を図9.5に示す．各空き領域の先頭に，次の空き領域を指すポインタとその空き領域のサイズとを保持する．また，空きリストの

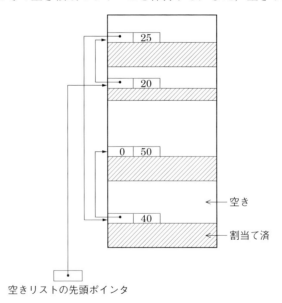

図9.5 空き領域のリストによる管理

先頭を指すポインタを用意する．なおこの例では，リストは空き領域サイズの小さい順にして管理している．

▌2. 割当てアルゴリズム

メモリ領域の割当て要求に対して領域を割り当てるときに，どの空き領域から必要な分の領域を割り当てるかの選択が必要になる．この選択方式には次の3つがある．

① **必要サイズを満たす最初に見付かった空き領域から割り当てる（first-fit）**

　アルゴリズムが単純である．空き領域をビットマップで管理している場合には向いている．ただし，メモリ領域の利用効率はそれほどよくない．

② **必要サイズを満たす最小の空き領域から割り当てる（best-fit）**

　この方式ではサイズの大きな空き領域が残るので，後で大きな領域が要求されても割当てができる．その点で領域の利用効率が最も良い．ただし，空き領域の管理方法によっては，最適な空き領域を見付けるためのオーバヘッドがかかる．空き領域のサイズ順のリストで管理している場合は，最適な空き領域を見付けるのが楽になる．

③ **最大の空き領域から割り当てる（worst-fit）**

　サイズの小さな空き領域ばかりになってしまうので，後で大きな領域が要求されたとき，割り当てられないことが起こる．その点で領域の利用効率が最も悪い．

これらのアルゴリズムによる領域割当ての例を図9.6に示す．

▌3. 断片化の問題

　領域の割当て，返却（解放）を繰り返すと，割当て用のメモリ領域の中に空き領域がそこら中にできる．これをメモリの空き領域の**断片化**という．前項で述べたどのアルゴリズムを適用しても断片化は避けられない．断片化については次の法則がある．

断片化：
fragmentation

・**50%ルール**：領域の割当て，返却（解放）を繰り返すと，空き領域の個数は使用中領域の個数のほぼ1/2になる．

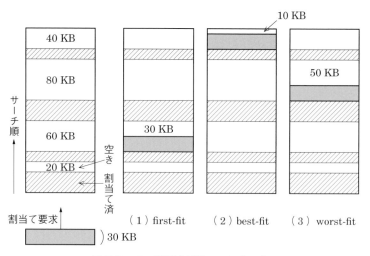

図 9.6　メモリ領域割当てアルゴリズム

　ここで使用中領域とは1回の割当て要求で割り当てたものを1つと数える．また，ある空き領域の隣の領域が解放されて空きになったら，それらは合併されて大きな空き領域になるとする．この法則の直感的な証明を示す．割当てと解放が繰り返されている定常状態を考える．1つの領域が割り当てられるとき，それは空き領域の片側に，ほかの使用中領域に接してとられる．図9.6の書き方では，ほかの使用中領域の上に（1回だけ）乗る．これは平均的には，その使用中領域も生存期間中に1回だけ別の使用中領域に乗られる，ということになる．領域が割り当てられてほかの使用中領域の上に乗ったときは，自分の上は空き領域である（空き領域サイズとぴったり同じサイズの要求はまず出ないので）．その後，別の使用中領域に乗られると，自分の上は使用中領域になる．平均的にはある領域は生存期間の真中で別の使用中領域に乗られ，乗られたままで終わる．すなわち，ある使用中領域に対応して，半分の期間は1つの空き領域が上にあり，また半分の期間は上に空き領域はない．そこで，全体としては，使用中領域の個数の半分の空き領域があることになる．

　このように断片化は避けられない．しかし，50%ルールは空き領域の個数についていっているものであり，例えばbest-fitアルゴ

リズムによってうまく領域を割り当てると，空き領域のサイズの合計は小さくできる．

▍4. 断片化の対策：メモリの詰め直し

断片化に対する1つの対策はメモリの詰め直しである．割当て済み領域を割当て用領域の片側に移動して，1つの大きな空き領域をつくれば，その後さらに領域割当てができ，メモリの利用効率が上がる．しかし，割当て領域のアドレスを要求プログラムに返している場合はこの方式はとれない．プログラムへの領域割当てで再配置レジスタを用いている場合には詰め直しは原理的には可能である．ただし，詰め直しのオーバヘッドは大きい．

▍5. ページ化による効率の良い割当て

メモリ領域を小さなブロック（**ページ**という）に分け，ブロック単位で領域の割当てを行うと，効率の良い割当てができる．ただし，ブロックごとにそれぞれの再配置レジスタでアドレスを変換するような仕掛けが必要である．

要求される領域をブロックに分けて，ブロックごとに空いているブロックを割り当てる（図9.7）．こうすると，要求領域のブロック

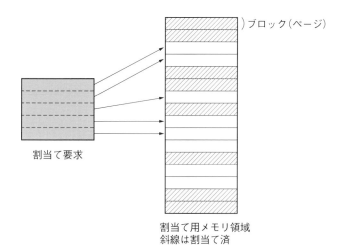

図9.7　ページ化によるメモリ領域割当て

数が空きブロックの合計数より小さければ，割当てができる．ページ化により断片化のロスは極めて小さくなる．

　この方式では，割当て要求に対して整数個のブロックを割り当てるため，最後のブロック内には実質的な未使用部分ができる．これを**内部断片化**という．内部断片化によるむだの割合は

　　　（ブロックサイズ/2）/平均要求サイズ

であり，ブロックサイズが小さければ，小さく抑えられる．

　ページ化の方式が仮想記憶方式へと一般化された．

9.6　メモリに入りきらないプログラムの実行

　メモリ容量は有限なので，メモリに入りきらないプログラムもありうる．また，合計のメモリ必要量がメモリ容量を超えてしまうが，それでも多数のプログラムを同時に実行したい，という場合もある．このような場合の対処法はいくつかある．

1．オーバレイ

　割り当てられたメモリ領域に入りきらない大きなプログラムを，いくつかに分割して分割部分ごとにメモリに入れる（ロードする）方式（**オーバレイ方式**）が初期には使われた．プログラムを，常時メモリに置いておくルート部分（ルートセグメント）と，排他的にメモリに入れる複数の部分（オーバレイセグメント）とに分ける．

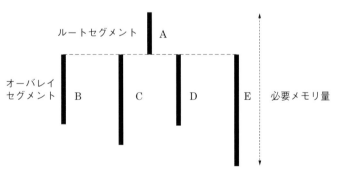

図9.8　オーバレイ方式

図9.8で，Aがルートセグメントで，またB，C，D，Eがオーバレイセグメントである．オーバレイセグメントはアドレスが重なっており，一時には1つのセグメントだけがメモリに入れられる．どのオーバレイセグメントをメモリに入れるかはルートセグメントのプログラムで管理する．

応用プログラムだけでなく，オペレーティングシステムもこの方式で実行されることがあった．

2. スワッピング

TSSでは，1台のコンピュータで何人（何十人，何百人ということもある）ものプログラムを同時に処理する．全部のプログラムはとうてい主記憶装置に入りきらない．そこで端末入出力待ちのプログラムはメモリの内容を外部記憶装置に書き出して（スワップアウトして），端末入出力待ちが完了して，かつメモリに必要な空きがあるときに再びプログラムのメモリ内容を読み込む（スワップインする），ということが行われた．これを**スワッピング**という．

仮想記憶方式のもとでも，スワッピングは行われる．

3. 仮想記憶方式

主記憶装置より大きい仮想記憶装置が実現できる．これについては次章で述べる．

演習問題

問1 メモリ領域の動的な確保・解放機能を用いたプログラムで，メモリ解放にバグがあるとどういう結果になるか．

問2 スレッドは独立のメモリ空間をもたないが，スレッドごとになんらかのメモリ領域を割り当てる必要があるか．

問3 ページ化されたシステムでも，ページを用いないメモリ割当ても必要になる．なぜか．

問4 カーネルの処理のために必要なデータ領域はどのように割り当てればよいか．

第10章

仮想メモリ

　仮想記憶（仮想メモリ）方式の場合，プログラムから見えるメモリは仮想メモリである．応用プログラムばかりでなくオペレーティングシステムも仮想メモリの上で動く．仮想メモリは，主記憶装置の容量の制約などをプログラムに見せないように，メモリを論理化・抽象化したものである．本章では，ハードウェアおよびオペレーティングシステムが連携して仮想メモリを実現している仕組みを学ぶ．

10.1　仮想メモリの概要

　仮想メモリとは何かを基本的な事項から順に説明する．

1．アドレス空間と実際の記憶場所の分離

　コンピュータで実行されるプログラム（もちろん機械語のプログラム）にとって，メモリのアドレス（番地）は基本的なものである．プログラムが操作するメモリ内のデータも，またプログラム自身の位置も，すべてアドレスによって指される．この，プログラムが使うアドレスを，実際の記憶装置のアドレスとは切り離して，記憶装置の構成や同時に存在する別のプロセスなどによらない論理的なア

仮想メモリ：
virtual memory

ドレスにしてしまうと，さまざまな利点が出てくる．こうすると，プログラムから見えるメモリは実際の記憶装置ではなく，論理アドレスで構成される抽象的なメモリとなる．それを**仮想メモリ**（**仮想記憶装置**，または**仮想記憶**）という．また仮想メモリのアドレスを**論理アドレス**または**仮想アドレス**という．これに対して実際の記憶装置である主メモリ（主記憶装置）を仮想メモリに対して**実メモリ**（実記憶装置）と呼び，またそのアドレスを**実アドレス**と呼ぶ．なお，仮想アドレスにより構成されるアドレス空間を仮想アドレス空間（略して仮想空間）ということがある．

仮想メモリと実メモリの関係は具体的なプログラムを例にとるとわかりやすい（図10.1）．コンパイラによって生成され，メモリ上にローディングされるプログラムは論理アドレスで構成されている．図で，論理アドレスの3000番地にあるJUMP命令は7100番地へ飛ぶことを指定している．そして論理アドレスの7100番地には飛び先の命令があり，それは10500番地のデータをレジスタにロードすることを指定している．そして論理アドレスの10500番地にはそのデータがある．このようにプログラムは仮想メモリの上で動くように構成されている．このプログラムは実際の記憶場所として

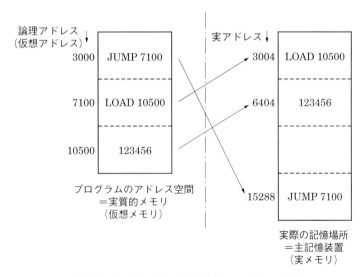

図 10.1　仮想メモリ＝プログラムのアドレス空間

は部分ごとに実メモリ内のばらばらな場所に置かれる．例えば，LOAD命令の実アドレスは3004番地，またデータの実アドレスは6404番地というようになる．これらの場所はそれぞれJUMP命令が指定する7100番地ではなく，またLOAD命令が指定する10500番地ではない（さらに，実メモリ内の場所は状況により，また時間とともに変化する）．すなわち，実メモリはプログラムが記憶される場所ではあるが，プログラムは実メモリ上で動くようには構成されていない．実メモリはプログラムからは見えない．

　プログラムにとって，実質的なメモリは仮想メモリである．そして**実メモリ（実記憶装置）は仮想メモリを実現する際に利用される記憶用の資源**である．この見方は重要である．そして本章の説明を通じて，この見方は納得されると思う．

2. ページ化

　仮想メモリの主要な目的は多数のプログラム（プロセス）に対するメモリ領域の割当ての問題を解決することである．そのためにページ化の手法が用いられている．仮想メモリも実メモリもある一定サイズの**ページ**に分けて構成する．仮想メモリのページは，実メモリのどこかのページを割り当てて，そこに記憶する．ページサイズが一定なため，割り当てられる実メモリのページ位置には制約がなく，ページが空いてさえいればよい．これにより実メモリの領域を効率良く使うことができる．

　プロセッサが，実メモリ上のばらばらな位置にあるページに記憶された命令やデータにアクセスできるようにするためには，仮想メモリのページごとに再配置レジスタ（に相当するもの）が必要になる．その仮想ページが記憶されている実ページの実アドレスをそこに保持する．全部のページの再配置レジスタ相当を表にまとめたものを**アドレス変換表**という（ページテーブルともいう）．これは主記憶装置内に置かれる．これを使ってプロセッサが自動的に仮想アドレスを実アドレスへと変換（これを**アドレス変換**という）する（図10.2）．この変換の詳細は10.3節で述べる．

第10章　仮想メモリ

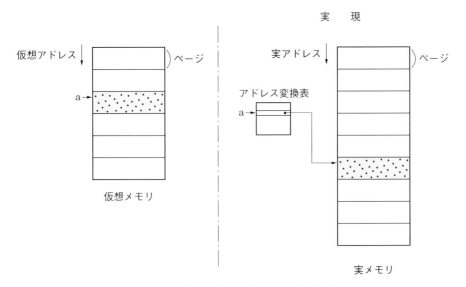

図 10.2　ページ化による仮想メモリの実現

▌3. 実際の記憶場所：主記憶装置と補助記憶装置

　仮想メモリの目的の1つはアドレス空間を実際の主記憶装置の構成によらないものにすることである．そして主記憶装置の容量を超えた仮想メモリが実現できるようにしている．そのために，実メモリは主記憶装置だけでなく，外部記憶装置も含めて構成する．実メモリを構成する外部記憶装置またはその領域を，ファイル用のものと区別するため，**補助記憶装置**と呼ぶ（図10.3）．

　実メモリを主記憶装置と補助記憶装置で構成すると，ページが主記憶装置上に存在せず，補助記憶装置上にあることがある．アドレス変換表を引いて実アドレスを求める際，ページが主記憶装置になければ特別な割込み（**アドレス変換例外割込み**）が起こり，オペレーティングシステムのメモリ管理プログラムが動いて，ページを補助記憶装置から主記憶装置に読み込む．このように，補助記憶装置は主記憶装置の拡張領域として用いられる．

10.1 仮想メモリの概要

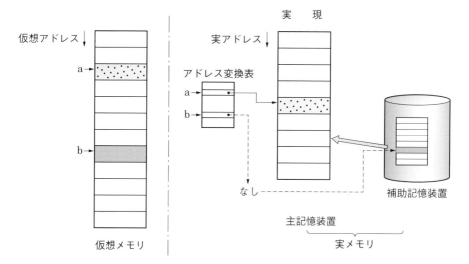

図 10.3　仮想メモリの記憶場所：主記憶装置と補助記憶装置

4. 多重アドレス空間

　仮想メモリはプログラム実行のためのアドレス空間なので，プロセスごとにそれぞれ空間をもつようにするのは自然である．そうするとシステム内には複数のアドレス空間が存在することになる．このようなものを**多重アドレス空間**方式の仮想メモリ（または多重仮想記憶装置，多重仮想メモリ）という．多重アドレス空間の場合アドレス変換表は空間ごとに必要になる（図 10.4）．

　なお，初期の仮想メモリには単一アドレス空間方式のものもあった．

5. 仮想メモリの実体

　仮想メモリは，主記憶装置，補助記憶装置，アドレス変換表，プロセッサのアドレス変換機構，それにオペレーティングシステムのメモリ管理プログラムから構成される実体のあるものである．その実体のプログラム向けのインタフェースが論理アドレス空間である．論理アドレス空間は，主記憶装置のプログラム向けインタフェースである実アドレス空間と比べて，抽象化レベルの高いインタフェースである（図 10.5）*．

* なお，メモリ管理プログラム自身もその大部分は，ほかのオペレーティングシステムのプログラムと同様に，仮想アドレスで動く．

137

第 10 章 仮想メモリ

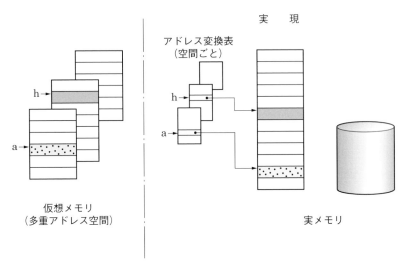

図 10.4　多重アドレス空間方式の仮想メモリ

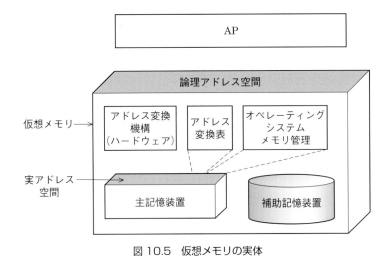

図 10.5　仮想メモリの実体

> **Column**
>
> **virtual memory＝実質的メモリ**
>
> 　仮想メモリの「仮想」は virtual の日本語訳である．英語の virtual は「事実上の，実質上の，実際上の」という意味なので，仮想という訳はあまりふさわしくない．本来 virtual memory は「名目は別として実質的なメモリ」という意味である．架空のメモリという意味ではないことに注意したい．

■10.2　仮想メモリの利点

仮想メモリには次のような利点がある．
① アドレス空間のサイズが実際の主記憶装置容量の制約を受けない．
　特に，
　Σアドレス空間サイズ ＞ 主記憶装置容量
が可能である．
② ①のため，プログラミングが楽になる．
　主記憶装置容量に制約されない，論理的なプログラム構造をとることができる．オーバレイなども考えなくてよい．プロセスごとにアドレス空間をもつことにより，プログラムからのメモリの見え方が単純になり，わかりやすい．主記憶装置容量が異なる環境でも，プログラムに手を加えずに，そのまま動く．
③ ページ化により，メモリ割当てのむだが少ない．
④ 実際にそのときプログラム実行で使われるページだけ主記憶装置にあればよい．主記憶装置の実際の使用効率が良い．
　例えば，エラー処理部分のページは，使われない間は主記憶装置上になくてよい．自動でむだのないオーバレイができる．
⑤ 主記憶装置容量を増やすことによって，プログラムに手を加えなくても性能向上ができる（後述するように，主記憶装置容量が小さいとページングのために性能が落ちる）．
⑥ プロセスまたはプロセスファミリごとにアドレス空間をもつことにより，メモリ領域の保護（記憶保護）がきちんとできる．異なるアドレス空間の中をのぞくことはできないためである．

10.3 アドレス変換

1. 仮想アドレスと実アドレス

　仮想メモリがページ化されていることにより，仮想アドレスは仮想ページ番号とページ内アドレスの2つの部分から構成される（図10.6）．同様に，主記憶装置の実アドレスも，実ページ番号とページ内アドレスから構成される．

　ページサイズはシステムによっているが4KB程度である．

仮想ページ番号	ページ内アドレス

図 10.6　仮想アドレスの構成

2. アドレス変換表の管理

　アドレス変換はアドレス変換表に基づいて行うが，このアドレス変換表の作成および管理はすべてオペレーティングシステムが行う．また，次に述べるようにアドレス変換表の先頭アドレスはハードウェアのテーブルベースレジスタにセットされるが，そのセットもオペレーティングシステムが行う．プロセスごとにアドレス空間があるときは，オペレーティングシステムがプロセス切替え時にテーブルベースレジスタの内容を入れ替える．

3. アドレス変換の仕組み

　アドレス変換のために，プロセッサは**アドレス変換機構**を持つ．プログラム実行時に，メモリアクセスがあるたびにアドレス変換機構が動いて仮想アドレスを実アドレスに変換する．

　1つのアドレス空間は次の2つの情報によって表される．

- テーブルベースレジスタの内容　**テーブルベースレジスタ**はアドレス変換機構の一部で，そのアドレス空間のアドレス変換表の先頭アドレス（実アドレスによるアドレス）を保持する．
- アドレス変換表　各仮想ページに対応した実ページ番号を保持する．

10.3 アドレス変換

アドレス変換の過程を図 10.7 に示す．主記憶装置内にあるプログラムの実行時に，プロセッサがプログラムから取ってくるのは仮想アドレスであり（①），それはプロセッサ内の仮想アドレスレジスタに入れられる．アドレスの前の部分が仮想ページ番号で，後ろの部分がページ内アドレスである（②，③）．テーブルベースレジスタの内容と仮想ページ番号（厳密には仮想ページ番号にアドレス変換表のエントリ長を掛けたもの）を加算することにより，アドレス変換表のその仮想ページに対応するエントリのアドレス（実アドレスによるアドレス）が求まる．そこにアクセスし（④），対応す

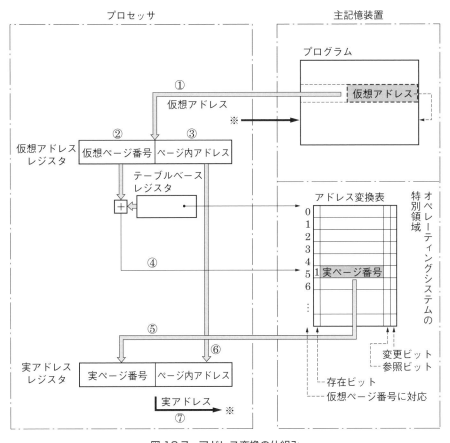

図 10.7　アドレス変換の仕組み

る実ページ番号を得る(⑤).その実ページ番号と,仮想アドレスレジスタ内のページ内アドレスとから(⑥),仮想アドレスに対応する実アドレスができ,実アドレスレジスタに置かれる.この実アドレスで主記憶装置にアクセスする(⑦).

なおここで述べたのは,アドレス変換がうまくできた場合である.アドレス変換表の各エントリには**存在ビット**があり,実ページが主記憶装置上にある場合にはこれが1になっている.存在ビットが0だった場合は,アドレス変換機構は**アドレス変換例外(ページ例外,ページフォールト**ともいう)**割込み**を起こす.その後の処理については次節で述べる.

アドレス変換では,主記憶装置上のアドレス変換表にアクセスするためプロセッサの実効性能が低下する,という問題がある.これを防ぐためのハードウェアによる解決策として,高速の連想記憶がある.アドレス変換を行った情報(仮想アドレスと実アドレスの対)をそこに蓄えておき,同じページへのアクセスがあったときはこの連想記憶にアクセスするだけでアドレス変換ができるようにする.これを**変換ルックアサイドバッファ**という.

変換ルックアサイドバッファ:
TLB, Translation Lookaside Buffer

4. 多段のアドレス変換表

大きなアドレス空間の場合,アドレス変換表の量が膨大になる.これに対処するために**多段のアドレス変換表**が用いられる.図10.8には2段のアドレス変換表の場合を示す.仮想アドレスを3つの部分に分ける.第1レベルは**セグメント番号**,第2レベルはセグメント内のページ番号,第3レベルはページ内アドレスになる.このアドレス構成に対応してアドレス変換表は1つのセグメント表と,複数の(セグメントの数だけの)ページ表という2段構成になる.アドレス変換は,まずセグメント表を引いて,該当するセグメントに対応したページ表の位置を知り,次にページ表を引いて該当するページの実ページ番号を知る.

仮想アドレスの3レベル化には,1つのプログラムやひとまとまりのデータをセグメントに対応させることにより,仮想アドレス空間をより整然と利用できるようになる,という利点もある.

この方式の欠点は,アドレス変換時にアドレス変換表を引くため

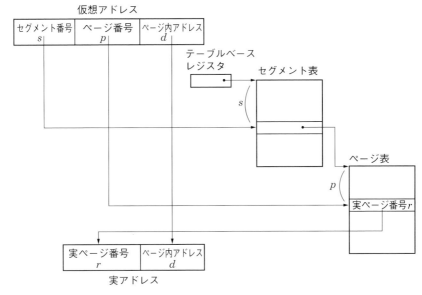

図 10.8　多段のアドレス変換表を用いたアドレス変換

の主記憶装置へのアクセスが2回になり，性能が悪くなることである．この性能低下は変換ルックアサイドバッファにより軽減できる．

10.4　ページング

アドレス変換例外割込みが起こった後は，オペレーティングシステムのメモリ管理プログラムが動いて必要な処理を行う．この概要を図 10.9 に示す．

1.　ページイン

アドレス変換例外割込みが起こると，そのプロセスを待ち状態にした後，補助記憶装置上にある該当ページを主記憶装置の空きページへ読み込む．この動作を**ページイン**という．ページイン完了後，プロセスの待ちを解除し，ページ変換表を書き換えて，以後アドレス変換が成功するようにする．

第10章 仮想メモリ

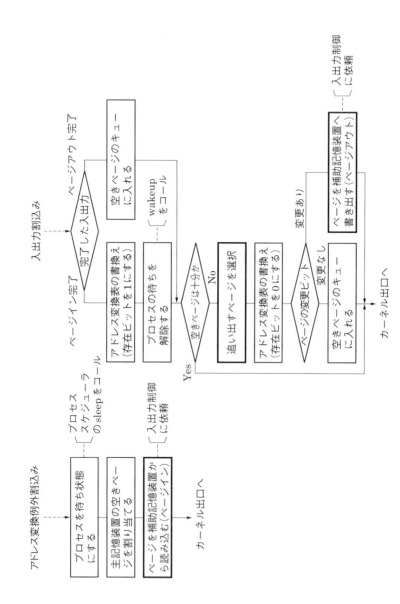

図10.9 アドレス変換例外とページングの処理

▌2. ページアウト

あるページのページインの結果，主記憶装置上に空きページが少なくなれば，オペレーティングシステムは主記憶装置上のどれかのページを選んで，アドレス変換表の該当エントリの存在ビットを0にし，主記憶装置から補助記憶装置へと追い出す．そして書出しが完了すればこのページを空きページとする．この動作を**ページアウト**という．なお，アドレス変換表の各エントリには**変更ビット**が用意されていて，そのエントリが指すページの内容が変更された場合にハードウェアが1を書き込む．前回のページイン以降にページの内容に変更がなければこのビットは0であり，写しが補助記憶装置上にあるので，実際のページアウト動作は不要である．

オペレーティングシステムは常に適正な空きページを主記憶装置内に確保しておき，ページイン要求が出たとき，すぐに空きページを割り当ててページインができるようにする．ページインとページアウトの動作を併せて**ページング**という．

■10.5 メモリスケジューリング

どのページを主記憶装置内に保持し，どのページを補助記憶装置に置くかの選択を**メモリスケジューリング**という．そのためのアルゴリズムを**メモリスケジューリングアルゴリズム**という．またこの処理を行うオペレーティングシステムのプログラムをメモリスケジューラということがある．

▌1. メモリ参照の局所性

プログラムが使用するページ群，すなわちプログラム実行の過程で参照されるページ群は通常ある時間の範囲で固まっており，それが時間とともに動いていく．この傾向を**メモリ参照の局所性**という（図10.10）．

プログラムが参照したページを知るために，主記憶装置のページごとに**参照ビット**がある（普通アドレス変換テーブルにある）．ページが参照されればこのビットはハードウェアによって1になる．

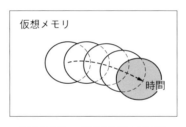

図 10.10　メモリ参照の局所性

このビットはオペレーティングシステムによりリセットされる．このビットを利用して，どのページが使用されているかをオペレーティングシステムは知ることができる．

2. メモリスケジューリングアルゴリズムの分類

メモリスケジューリングアルゴリズムは次の2つに分類される．
① ページ置換えアルゴリズム
　どのページをページアウトするかの選択
② マルチプログラミングアルゴリズム
　どのアドレス空間を主記憶装置内に保持するかの選択

3. ページ置換えアルゴリズム

あるページが参照されてページインされた結果，主記憶装置に空きページが必要になったときに，どのページを主記憶装置から追い出すかの選択のアルゴリズムを**ページ置換えアルゴリズム**という．これにはさまざまな方法が提案され，また実装されている．そのうちよく使われているLRU法については次項で述べる．

ページ置換えアルゴリズムは適用の仕方に次の2種類がある．
① グローバル（大域的）ポリシー
　複数のアドレス空間があってもそれらを区別せず，全体の主記憶装置ページの中から一定の基準で追い出すページを決定する方式．ページ参照パターンはプログラムごとに別々かもしれないが，オペレーティングシステムのように共通的に使われるものもあるので，グローバルな判断でかまわない，という見方に基づく．また，実現が単純である．

② ローカルポリシー

ページを取り上げるアドレス空間をまず選択し，その空間に属する主記憶装置ページの中で追い出すページを選択する方式．アドレス空間ごとにページ参照の局所性があるはずなので，より合理的である，という見方に基づく．

実際にいずれが優れているかの判定は難しい．いずれの方式をサポートするかはオペレーティングシステムによっている．

4. LRU 法

LRU：Least Recently Used

近頃最も使われなかったページを追い出す，というアルゴリズムを **LRU 法**という．この判定に参照ビットを利用する．オペレーティングシステムが一定時間ごとに主記憶装置内の各ページの参照ビットを調べ（調べたらビットはリセットしておく），それを参照履歴情報としてページごとに記憶しておく．この情報に基づき最近最も使用されていないページを決定する．厳密にやるとオーバヘッドがかかりすぎるので，ほどほどの近似的なやり方がとられる．例えば，ページごとの参照履歴情報として何ビットかを用意して，常に現在からそのビット数分の過去の参照ビット情報だけ記憶するなどの方法がある．

LRU はグローバルポリシーとの組合せでも，またローカルポリシーとの組合せでも用いられる．前者の**グローバル LRU** はわりあいよく用いられる．

5. マルチプログラミングアルゴリズム

ローカルポリシーの前提として，まず主記憶装置内にどのアドレス空間を置くかの判断が必要になる．この判断のアルゴリズムをマルチプログラミングアルゴリズムと呼ぶことにする．主記憶装置に多くのアドレス空間を置き過ぎていると判断したときは，いずれかのアドレス空間を選択して，それに属するページはまとめて補助記憶装置に出される．これをスワップアウトという．逆に補助記憶装置から主記憶装置にまとめて読み込むことをスワップインという．

スワップアウト：swap out
スワップイン：swap in

ページ置換えには，まずどのアドレス空間からページを取り上げるかを判断する．そして，選択されたアドレス空間に属するページ

群の中でページ置換えアルゴリズムが適用される．

マルチプログラミングアルゴリズムを含んだ方式としてワーキングセット法があり，それを次項に述べる．

6. ワーキングセット法

プログラムの実行に必要とされるページ群を**ワーキングセット**という．ワーキングセットの厳密な定義は，そのプログラムで過去 t 時間の間に参照したページの集合，というものである．t をどうとるかが鍵となる．ワーキングセットの考えは，メモリ参照の局所性を前提にしている．

ワーキングセットの考えに基づいてマルチプログラミングとページ置換えを判断する方法を**ワーキングセット法**という．アドレス空間ごとに必要なワーキングセットを主記憶装置に入れるようにし，入りきらないアドレス空間はスワップアウトする．また，ページ置換えは，ワーキングセットを超えたページをもっているアドレス空間から，そのようなワーキングセットを超えたページを置換え対象に選択する．

7. デマンドページングとプリページング

スワップインに際してのページの読込み法には2種類ある．

スワップイン時に実際にはあらかじめページを読み込まず，その後のページフォールトで順次ページインする方式を**デマンドページング**という．

これに対して，スワップインに際してあらかじめページ（スワップアウトされたページまたはワーキングセットに含まれるページなど）を読み込む方式を**プリページング**という．

10.6 仮想メモリと性能

1. 主記憶装置の容量とスラッシング

主記憶装置の容量が少なくても，システムは動くが，適正な主記憶装置容量はやはり必要である．ページングはディスクなどへの入

出力になるので，主記憶装置へのアクセスと比べ何桁も性能が低い．ページングが過度にならないように主記憶装置の容量をある程度十分用意すべきである．特に，複数のプログラムの主記憶装置への要求が競合して，ページングばかりが起こってしまい，性能が大幅に低下することがある．これを**スラッシング**という．

2. 補助記憶装置

補助記憶装置にはできるだけ高性能な外部記憶装置を割り当てる．また，複数の装置に分けて並列入出力を可能にすると，性能が上がる．

3. ページ参照の局所化を実現するコーディング

プログラム開発時にページ参照の局所化に注意を払うのが望ましい．例えば，例外処理など使用頻度が低い処理は，よく使われる処理とは一緒にしないようにする．

演習問題

問1 主記憶装置の容量が飛躍的に大きくなってきているが，今後仮想メモリは不要になるのか．

問2 異なるアドレス空間での実ページの共用は，どのように制御すればよいか．

問3 LRU を次のように近似的に実現するとする．
　主記憶装置のページごとに5ビットの参照履歴情報を管理する．オペレーティングシステムが定期的（数十ミリ秒ごと）に動いて，ページごとに参照履歴情報を1ビット右にシフトして先頭に参照ビット（Rビット）の内容を入れる．そしてRビットはクリアする．
　さて，ページの追出しが必要になったときには，どのようなページを選択すればよいか．

問4 オペレーティングシステムによっては，システム全体のページフォールト率（単位時間当たりのページフォールトの回数）を計測していて，これを一定値以下に抑えるように制御している．ページフォールト率を下げるにはどうすればよいか．

第11章

仮想化

オペレーティングシステムもハードウェアの仮想化を行っているが，その際に抽象化を行うことで応用プログラムにとって使いやすいインタフェースを提供している．ハードウェアをより忠実に仮想化した仮想マシンを用いることで，オペレーティングシステムを含めたシステム全体が仮想化の恩恵を受けることができる．本章では仮想マシンにおけるプロセッサ，メモリ，入出力装置の仮想化技術について学ぶ．

■ 11.1　仮想化システム

■ 1. 仮想マシン

VM：virtual machine

仮想マシン（**VM**）は，コンピュータハードウェアを忠実に仮想化した論理的なコンピュータである．仮想化されるハードウェア資源の例として，プロセッサ，メモリ，ディスク装置やネットワークアダプタなどの入出力装置がある（図11.1）．仮想マシンの中ではオペレーティングシステムや応用プログラムを動作させることができ，仮想マシンの中のオペレーティングシステムは**ゲストオペレーティングシステム**と呼ばれる．

ゲストオペレーティングシステム：guest operating system

151

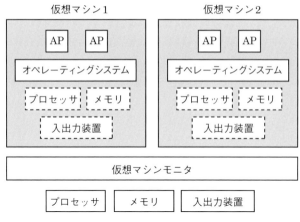

図 11.1 仮想マシンの構成

2. 仮想マシンモニタ

VMM：virtual machine monitor

　ハードウェアの仮想化は**仮想マシンモニタ**（**VMM**，**ハイパーバイザ**ともいう）と呼ばれるソフトウェアが行い，仮想マシンモニタの上で仮想マシンが動作する．これはオペレーティングシステムのカーネルとプロセスの関係によく似ている（第 7 章参照）．仮想マシンモニタはハードウェア資源を管理し，複数の仮想マシンに共用させる．

　仮想マシンモニタには以下の 3 つの特性が必要とされる．

- **効率性**　仮想化の影響を受けない命令は仮想マシンモニタの介在なしで実行されなければならない．
- **資源管理**　仮想マシンモニタは仮想化されたハードウェア資源を完全に制御できなければならない．
- **等価性**　仮想マシン内で実行されるプログラムは仮想マシンを用いずに実行される場合と同じ振る舞いをしなければならない．

仮想マシンモニタは図 11.2 のように大きく 2 つのタイプに分けられる．

- **ハイパーバイザ型**（**タイプ I**）　コンピュータハードウェアの上で直接，仮想マシンモニタが動作する．性能がよい，仮想マシン間の隔離が強固という利点がある．
- **ホスト型**（**タイプ II**）　オペレーティングシステムの上で仮想

11.1 仮想化システム

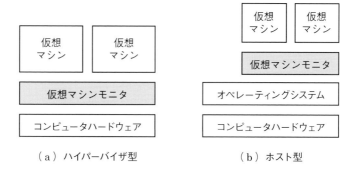

（a）ハイパーバイザ型　　　　　（b）ホスト型

図11.2　仮想マシンモニタのタイプ

ホストオペレーティングシステム：
host operating system

マシンモニタが動作する．このオペレーティングシステムは**ホストオペレーティングシステム**と呼ばれる．仮想マシンモニタの開発や導入が容易という利点がある．

ホスト型を基本とし，効率のために仮想マシンモニタの一部をホストオペレーティングシステム内で動作させるハイブリッド型も存在する．本章では，主にハイパーバイザ型を対象として説明する．

3. 仮想マシンの利点

仮想マシンを用いることにはさまざまな利点がある．

サーバ統合：
server consolidation

- **サーバ統合**　複数のコンピュータで動作していたシステムを仮想マシンを用いて1台のコンピュータに集約することができる．その際に，仮想マシンごとに異なるオペレーティングシステムを用いることができる．
- **互換性**　昔のコンピュータハードウェア上でしか動作しないオペレーティングシステムや，その上でしか動作しない応用プログラムを仮想マシンを用いて新しいコンピュータ上で実行することができる．

マイグレーション：
migration

- **マイグレーション（移送）**　コンピュータの保守作業や負荷分散を行う際に，仮想マシンを停止させずにネットワーク経由で別のコンピュータに移動させることができる．

サスペンド・レジューム：
suspend/resume

- **サスペンド・レジューム**　仮想マシンの実行状態を外部記憶装置に保存しておき，必要になったときにその状態から再開する

ことができる．システム全体のバックアップを容易に取ることができる（14.4 節参照）．

11.2 プロセッサ仮想化

1. 仮想プロセッサ

コンピュータのハードウェアであるプロセッサを仮想化したものは**仮想プロセッサ**（仮想 CPU）と呼ばれる（図 11.3）．これに対して，実際のプロセッサは**実プロセッサ**（物理プロセッサ，物理 CPU）と呼ばれる．仮想プロセッサはいずれかの仮想マシンに固定的に割り当てられる．仮想プロセッサの数は実プロセッサの数によって制限されず，実プロセッサよりも多くの仮想プロセッサを利用することができる．これはプロセッサの**オーバコミット**と呼ばれる．

オーバコミット：
overcommit

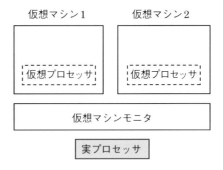

図 11.3　仮想プロセッサ

2. スケジューリング

仮想プロセッサは仮想マシンモニタのスケジューラによって実プロセッサを割り当てられる．これはオペレーティングシステムのプロセススケジューリング（7.3 節参照）に似ている．仮想プロセッサはプロセスと同様に以下の 3 つの状態をもつ．
　・**実行中状態**　実プロセッサを割り当てられた状態．
　・**レディ状態**　実行可能で，実プロセッサの割当てを待っている

状態．待ち状態の仮想プロセッサに対して外部割込みが発生すると，この状態になる．
- **待ち状態** 入出力待ちなど，実行できない状態．仮想マシン内に実行可能なプロセスがない場合もこの状態になる．

実プロセッサの割当てを切り替える際には，その時点での仮想プロセッサの実行環境を退避領域に保存する．そして，切替え先の仮想プロセッサの実行環境を退避領域から復元する．

仮想プロセッサのスケジューリングアルゴリズムには以下のようなものがある．

プロポーショナルシェア：proportional share

- **プロポーショナルシェア** 仮想マシンに設定された重み（シェア）に比例するように実プロセッサを割り当てる．

フェアシェア：fair share

- **フェアシェア** プロポーショナルシェアに似ているが，より長い期間で見たときの公平性を保証する．

3. 実行モードの割当て

従来のプロセッサの実行モードは，オペレーティングシステムのカーネルを動作させる特権モードと応用プログラムを動作させる非特権モードの2つだけであった（4.1節参照）．一方，仮想マシンを用いる場合，オペレーティングシステムと応用プログラムに加えて，仮想マシンモニタも動作させる必要がある．仮想マシンモニタも特権命令を実行する必要があるため，オペレーティングシステムと同じく特権モードで動作させる必要がある．

しかし，仮想マシンモニタとオペレーティングシステムをどちらも特権モードで動作させると，仮想マシンモニタからオペレーティングシステムを制御することができない．そこで，仮想マシンモニタを特権モードで動作させ，オペレーティングシステムと応用プログラムは非特権モードで動作させる（図11.4）．オペレーティングシステムは応用プログラムからプロセッサの保護機構（リング保護*など）や多重アドレス空間（10.1節参照）を用いて保護される．

* p.188のコラム参照

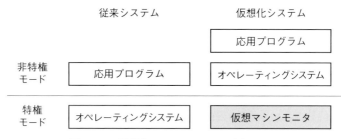

図 11.4　仮想化システムにおける実行モード

4. 特権命令のエミュレーション

　オペレーティングシステムを非特権モードで動作させると特権命令を実行できないため，正常に動作させることができなくなる．そこで，非特権モードで特権命令を実行すると内部割込みが発生し，仮想マシンモニタに制御が移ることを利用する．これは，応用プログラムが演算例外割込みなどを発生させたときにオペレーティングシステムに制御が移るのと同様の仕組みである（4.1 節参照）．

　この際に，仮想マシンモニタは内部割込みの原因となった特権命令を調べ，その命令の**エミュレーション**（疑似実行）を行う．例えば，割込み禁止命令を実行した場合には，実際にハードウェアからの割込みを禁止する代わりに，仮想マシンへの割込みの配送を停止する．そして，特権命令の次の命令からオペレーティングシステムの実行を再開することにより，非特権モードでもオペレーティングシステムが正常に動作しているように見せかけることができる．

エミュレーション：
emulation

5. センシティブ命令のエミュレーション

　システムの状態を変更したり，システムの状態によって動作が変わったりする命令は**センシティブ命令**と呼ばれる．プロセッサを仮想化するには，センシティブ命令は特権命令である必要があるが，プロセッサによっては特権命令ではないセンシティブ命令が存在する．例えば，特権モードで実行すると割込みの設定が行えるが，非特権モードで実行すると設定が反映されない命令などである．このような命令は非特権モードで実行しても内部割込みが発生しないため，特権命令と同様の手法ではエミュレーションを行うことができ

センシティブ命令：
sensitive
instruction

ない.

そこで,オペレーティングシステムのカーネルを実行時に書き換える**バイナリ変換**が用いられる.この手法は,カーネル内のセンシティブ命令を,内部割込みを発生させる特殊な命令に置き換える.これにより,センシティブ命令を実行する必要がある箇所で仮想マシンモニタに制御を移すことができ,センシティブ命令のエミュレーションを行うことができる.

バイナリ変換：
binary translation

仮想マシン内で動作させることに特化した**準仮想化オペレーティングシステム***を用いる方法もある.このオペレーティングシステムのカーネルは特権命令やセンシティブ命令を実行する必要がある箇所で,**ハイパーコール**と呼ばれる仕組みを用いて明示的に仮想マシンモニタを呼び出す.そして,ハイパーコール内でこれらの命令のエミュレーションを行う.ハイパーコールは応用プログラムがオペレーティングシステムのカーネルを呼び出すシステムコールに似ている(3.2節参照).

準仮想化オペレーティングシステム：
paravirtualized operating system

* 仮想化を容易にするために仮想マシンが提供する専用インターフェイスを用いるオペレーティングシステム.

ハイパーコール：
hypercall

6. プロセッサの仮想化支援

仮想マシンが広く用いられるようになると,プロセッサに仮想化支援機構が組み込まれるようになった.仮想化支援機構は従来の特権モードと非特権モードという2つの実行モードに加えて,これらに直交する以下の2つのモードを提供する(図11.5).

・**ホストモード** 仮想マシンモニタを動作させるためのモード.ホストモードの特権モードで仮想マシンモニタを動作させ,非特権モードでは必要に応じて仮想マシンモニタを補助するプログラムを動作させる.

・**ゲストモード** 仮想マシンを動作させるためのモード.ゲストモードの特権モードでオペレーティングシステムのカーネルを動作させ,非特権モードで応用プログラムを動作させる.

ゲストモードで動作するオペレーティングシステムが特権命令やセンシティブ命令を実行すると,内部割込みが発生してホストモードに切り替わり,仮想マシンモニタに制御が移る.仮想マシンモニタはこれらの命令のエミュレーションを行うことができるため,センシティブ命令も正しく実行することができる.

ゲストモードからホストモードに切り替わる際には，仮想プロセッサの実行環境が退避領域に保存される．逆に，ホストモードからゲストモードに切り替わる際には，退避領域に保存されていた仮想プロセッサの実行環境が復元される．

図 11.5　仮想マシンモニタのための実行モード

11.3　メモリ仮想化

1. メモリ管理

※ オペレーティングシステムの仮想メモリとの混同を避けるために，仮想マシンのメモリは仮想メモリとは呼ばないことが多い．

　仮想マシンのメモリ*はページ単位で管理され，実メモリがページ単位で割り当てられる．これはプロセスへのメモリ割当てと同じである（10.1 節参照）．仮想化システムにおいて，メモリは図 11.6 のように管理される．
- **ゲスト仮想メモリ**　仮想マシン内で用いられる仮想メモリ．この仮想メモリのアドレスは**ゲスト仮想アドレス**と呼ばれる．
- **ゲスト物理メモリ**　仮想マシンが提供する疑似的な実メモリ．この実メモリのアドレスは**ゲスト物理アドレス**と呼ばれる．
- **ホスト物理メモリ**　仮想マシンモニタが管理する実メモリ．この実メモリのアドレスは**ホスト物理アドレス**と呼ばれる．

ゲストページテーブル：guest page table

　仮想マシン内では，アドレス変換表（**ゲストページテーブル**）を用いてゲスト仮想アドレスをゲスト物理アドレスに変換することができる（10.3 節参照）．しかし，ゲスト物理アドレスは疑似的な実メモリのアドレスであるため，そのままではホスト物理メモリにアクセスすることはできない．仮想マシンがホスト物理メモリにアク

セスするには，ゲスト物理アドレスをホスト物理アドレスに変換する必要がある．

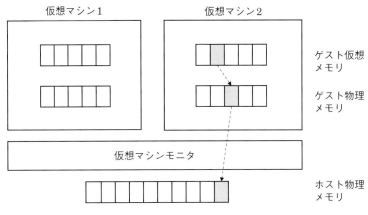

図 11.6 仮想化システムにおけるメモリ管理

2. シャドウページング

シャドウページテーブル：shadow page table

仮想マシンモニタ内に**シャドウページテーブル**と呼ばれるアドレス変換表をつくることで，ゲスト仮想アドレスをホスト物理アドレスに直接変換することができる（図 11.7）．シャドウページテーブルはゲストページテーブルを基に作成される．ゲストページテーブルの変換先はゲスト物理アドレスであるが，シャドウページテーブルではそれを対応するホスト物理アドレスに置き換える．実プロセ

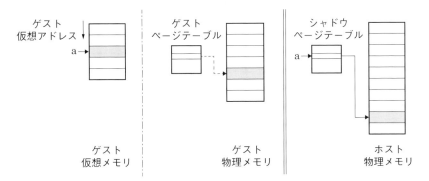

図 11.7 シャドウページテーブルを用いたアドレス変換

ッサのアドレス変換機構はシャドウページテーブルを参照し，ゲストページテーブルはアドレス変換の際には用いられない．そのため，従来のオペレーティングシステムと同様に1回のアドレス変換でメモリにアクセスでき，メモリアクセスのオーバヘッドは増加しない．

一方，オペレーティングシステムが必要に応じてゲストページテーブルを書き換えるため，仮想マシンモニタはゲストページテーブルとシャドウページテーブルの間で同期を取る必要がある．そのために，仮想マシンモニタはゲストページテーブルへの書込みを禁止し，オペレーティングシステムがゲストページテーブルを書き換えようとしたときに内部割込みを発生させる*．その際に，仮想マシンモニタはシャドウページテーブルとゲストページテーブルの両方に書換え内容を反映する．

* 実際には，内部割込みの発生回数を抑えるために複雑な最適化が行われる．

3. 準仮想化ページング

準仮想化ページテーブル：
paravirtualized page table

仮想マシン内で従来のゲストページテーブルの代わりに，**準仮想化ページテーブル**と呼ばれるアドレス変換表を用いることもできる（図11.8）．このアドレス変換表はシャドウページテーブルと同じく，ゲスト仮想アドレスからホスト物理アドレスへの直接変換を可能にする．ただし，仮想マシン内でホスト物理アドレスを扱えるようにするために，仮想化に特化した準仮想化オペレーティングシステムを用いる必要がある．

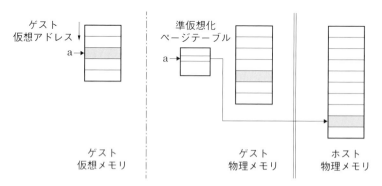

図11.8 準仮想化ページテーブルを用いたアドレス変換

仮想マシンが自身のホスト物理メモリ以外にアクセスするのを防ぐために，仮想マシンモニタは仮想マシン内での準仮想化ページテーブルへの書込みを禁止する．準仮想化ページテーブルの書換えはハイパーコールを用いて行い，その際に仮想マシンモニタが書換えの妥当性をチェックする．

4．ネステッドページング

ハードウェアの仮想化支援機構を用いることにより，シャドウページングの複雑な同期機構を実装せずに済み，準仮想化オペレーティングシステムを用いる必要もなくなる．この場合，ゲストページテーブルと**ホストページテーブル**の2つのアドレス変換表を用いてアドレス変換を行う（図11.9）．ホストページテーブルは仮想マシンモニタ内につくられ，ゲスト物理アドレスからホスト物理アドレスへの変換に用いられる．メモリにアクセスする際には，まず，実プロセッサがゲストページテーブルを用いてゲスト仮想アドレスをゲスト物理アドレスに変換する．次に，ホストページテーブルを用いてゲスト物理アドレスをホスト物理アドレスに変換する．

> ホストページテーブル：host page table

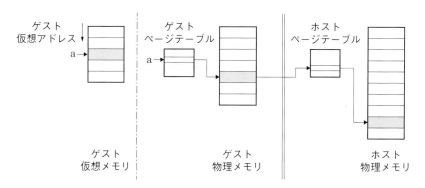

図 11.9 2つのページテーブルを用いたアドレス変換

このように，アドレス変換表を2つ用いるため，1回のメモリアクセスに対して2回以上のアドレス変換が必要となる*．それに伴い，アドレス変換表が実際に配置されているホスト物理メモリへのアクセスが増加するため，メモリ仮想化のオーバヘッドが大きくなる．このオーバヘッドは，変換ルックアサイドバッファを用いるこ

> ＊ 多段のアドレス変換表を用いる場合には，ゲストページテーブルを参照するたびにホストページテーブルを用いたアドレス変換が必要となる．

5. ページングによるメモリ割当ての調整

　仮想マシンのメモリサイズは実メモリのサイズに制限されず，すべての仮想マシンのメモリサイズの合計は実メモリのサイズを超えることができる．これをメモリの**オーバコミット**と呼ぶ．その結果，仮想マシンが使うメモリが不足したときには，仮想マシンモニタがページングを行う．これはオペレーティングシステムのページングと同様である（10.4 節参照）．

　仮想マシンのメモリが不足した際には，その仮想マシンへの実メモリの割当てを増やし，必要に応じて補助記憶装置からページインを行う．同時に，いずれかの仮想マシンのメモリをページアウトして実メモリの割当てを減らす．この手法の欠点は，オペレーティングシステムによるメモリ管理を考慮しないため，すぐに必要となるページをページアウトしてしまう可能性があることである．

6. メモリバルーニング

メモリバルーニング：memory ballooning

バルーンドライバ：balloon driver

　メモリバルーニングと呼ばれる手法を用いることで，オペレーティングシステムと連携して仮想マシンのメモリを増減させることができる．この手法は**バルーンドライバ**と呼ばれるデバイスドライバをオペレーティングシステムに組み込むことによって実現される．

　仮想マシンに割り当てられた実メモリを減らす場合には，まず，バルーンドライバがオペレーティングシステムのメモリ管理機構を用いてメモリを確保する．次に，ハイパーコールを呼び出し，確保したメモリを仮想マシンモニタに返す．減らした実メモリの割当てを再び増やす際には，バルーンドライバが仮想マシンモニタからメモリを取得し，確保したメモリを解放する*．

* 風船（バルーン）を膨らませたり縮ませたりするようにメモリを確保・解放することから，バルーニングと呼ばれる．

　メモリバルーニングでは，オペレーティングシステムのメモリスケジューリング（10.5 節参照）を利用して，使われそうにないページを仮想マシンモニタに返すこともできる．一方で，仮想マシンモニタがバルーンドライバと通信したり，バルーンドライバがメモリを確保したりする必要があるため，仮想マシンのメモリ不足を解消できるまでに時間がかかる．

11.4 入出力仮想化

1. 仮想デバイス

入出力装置を仮想化したものは**仮想デバイス**と呼ばれる．これに対して実際の入出力装置は**実デバイス**（物理デバイス）と呼ばれる．仮想デバイスの例としては以下のようなものが挙げられる（図11.10）．

- **仮想ディスク** ディスク装置を仮想化したもの．ディスク装置上のファイルまたは領域としてつくられる．
- **仮想ネットワークアダプタ** ネットワークアダプタを仮想化したもの．実ネットワークアダプタとは仮想ネットワークスイッチを用いて接続される．

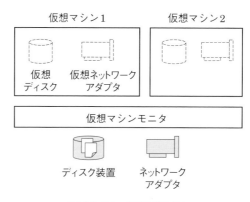

図 11.10　仮想デバイス

2. デバイスエミュレーション

仮想マシン内のオペレーティングシステムが仮想デバイスにアクセスする際には，入出力命令が実行される．入出力命令は特権命令であるため内部割込みが発生し，仮想マシンモニタに制御が移る．この入出力命令は，仮想マシンモニタ，もしくは実デバイスにアクセスする特権をもった入出力用の仮想マシンで動作する**デバイスエミュレータ**においてエミュレーションが行われる（図11.11）．

仮想マシンモニタでエミュレーションを行う場合には，実デバイ

デバイスエミュレータ：device emulator

スにアクセスするためのデバイスドライバが仮想マシンモニタ内に必要となる．実デバイスは多種多様であるため，限定的なデバイスにしか対応できないことが多い．一方，入出力用の仮想マシンでエミュレーションを行う場合には，そのオペレーティングシステムがもつ豊富なデバイスドライバを用いて実デバイスにアクセスすることができる．ただし，仮想マシンモニタでのエミュレーションよりオーバヘッドが大きい．

実デバイスからの割込みはデバイスエミュレータにおいて**仮想割込み**に変換され，適切な仮想マシンに配送される．

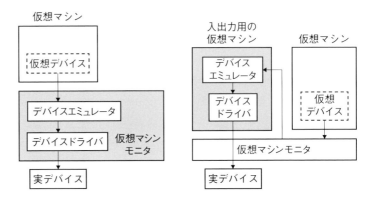

図 11.11　デバイスエミュレーションによる入出力

3. 準仮想化ドライバ

入出力命令ごとに発生する内部割込みのオーバヘッドを削減するために，仮想デバイス専用につくられた**準仮想化ドライバ**と呼ばれるデバイスドライバを用いることができる．準仮想化ドライバは仮想マシン内で動作し，デバイスエミュレータと通信することで入出力処理を行う．準仮想化ドライバは仮想マシンモニタまたは入出力用の仮想マシンとメモリを共有し，そのメモリ上につくられた**リングバッファ***を介して通信を行う（図 11.12）．リングバッファを用いることにより，末尾へのデータの追加や先頭からのデータの取得を効率よく行うことができる．

準仮想化ドライバ：paravirtual driver

リングバッファ：ring buffer

*　リング状に配置されたバッファ．

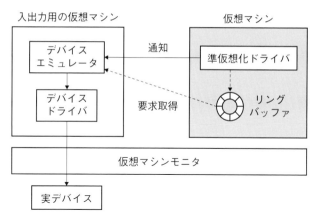

図 11.12　準仮想化ドライバを用いた入出力

　準仮想化ドライバはリングバッファに要求を書き込み，デバイスエミュレータに通知を送る．通知を受け取ったデバイスエミュレータはリングバッファから要求を取得し，要求のエミュレーションを行う．エミュレーションが完了すると，応答をリングバッファに書き込み，準仮想化ドライバに通知を送る．準仮想化ドライバは通知を受け取ると，リングバッファから応答を取得する．

　準仮想化ドライバを用いることで入出力仮想化の性能を向上させることができるが，オペレーティングシステムごとや入出力装置ごとだけでなく，仮想マシンモニタごとにも専用のデバイスドライバが必要になる．

4. デバイスパススルー

デバイスパススルー：device pass-through

　入出力仮想化のオーバヘッドなしで実デバイスにアクセスするために，**デバイスパススルー**と呼ばれる機構が提供される．この機構は仮想マシンが実デバイスに直接アクセスすることを可能にする．実デバイスが1つの仮想マシンに専有されることになるが，USBメモリのように仮想マシン間で共有するのが難しいデバイスを専有して利用する際に用いられる．

　同じ種類の実デバイスを複数用意すれば，それぞれを仮想マシンに専有させることも可能である．ただし，複数の実デバイスを用意

するとコストが増大するのに加えて，1台のコンピュータに搭載可能な数の制約を受ける．

この問題は仮想化に対応した入出力装置を用いることで解決できる．1つの実デバイス内に複数の仮想デバイスがつくられ，仮想マシンモニタから実デバイスのように扱うことができる．仮想マシンからは，これらの仮想デバイスにデバイスパススルーを用いて直接アクセスを行う（図 11.13）．

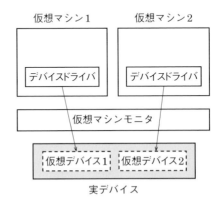

図 11.13　デバイスパススルーを用いた入出力

演習問題

問1　仮想マシンを用いることの欠点を挙げよ．

問2　ホスト型の仮想マシンモニタでは仮想プロセッサに対してプロセス用のスケジューリングアルゴリズムを用いるが，どのような問題があるか．

問3　ネステッドページングにおいてゲストページテーブル，ホストページテーブルとして2段のアドレス変換表を用いる場合，ゲスト仮想アドレスをホスト物理アドレスに変換するために必要なホスト物理メモリへのアクセスは何回か．

問4　デバイスパススルーを用いてアクセスする実デバイスがDMA方式を用いてデータ転送を行う場合，実デバイス側でどのようなアドレス変換が必要か．

第12章

ネットワークの制御

　現在，コンピュータはネットワークに接続することがあたりまえになり，そのための機能はオペレーティングシステムの必須機能となっている．さらに，利用する側はネットワークの詳細をほとんど意識せずに，ネットワークを利用できるようになってきている．本章ではネットワーク機能がどのように進化し，オペレーティングシステムなどの基盤となるソフトウェアでサポートされるようになってきているかを学ぶ．

12.1　オペレーティングシステムとネットワーク

1. ネットワーク機能の位置付け

　インターネットやローカルエリアネットワーク（LAN）が一般化して，コンピュータがネットワークに接続することはあたりまえになった．そのためにネットワーク接続機能（またはネットワーク機能）は，オペレーティングシステムの必須機能になっている．オペレーティングシステムにとってネットワークはどのように位置付けられるかを見てみる．

（a）入出力としてのネットワーク

　初期には，遠隔地の端末やコンピュータとのデータのやり取りは

通信回線を介した入出力，すなわち**通信**として位置付けられていた．このためにオペレーティングシステムは通信制御機能を提供していた．応用プログラムは**通信制御機能**を利用する際に個々の通信制御手順を意識する必要があった．この頃はまだネットワークの概念は十分に確立していなかった．

(b) 論理的通信路としてのネットワーク

ネットワークアーキテクチャが確立されて，応用プログラムがネットワークを介して別の応用プログラムと通信するための論理的な通信路が提供されるようになった．この機能は**トランスポートサービス**（転送サービス）と呼ばれ，ネットワークアーキテクチャの下位の4層（トランスポート層まで）を前提としている[*1]．そしてトランスポートサービスは，オペレーティングシステムのAPIの一部として提供されるようになった．応用プログラムは，ネットワーク構成や使われている通信制御手順などに関係なく，また通信エラーの処理も意識することなく，相手とのデータのやり取りができる．ちょうどファイルが入出力装置への入出力を抽象化しているのと同等である．トランスポートサービスは，1次元データをやり取りするものであり，1次元のデータ構造をもつファイル（順編成ファイル）へのアクセスと類似している．

(c) 共用資源としてのネットワーク

ローカルエリアネットワークにつながれたコンピュータ間では，ファイル用の外部記憶装置やプリンタを共用することが行われるようになった．ネットワーク内にファイルサーバやプリントサーバがあり，それらにアクセスする機能をそれぞれのオペレーティングシステムがもつ．この機能は**ネットワークOS**と呼ばれた．

(d) プログラムが存在する場所としてのネットワーク

コンピュータ内のプログラムが，離れたコンピュータ上のプログラムを呼び出して，その後実行結果を戻してもらう，という使い方ができるようになった．ちょうど同一コンピュータの中で関数（サブルーチン）を呼び出すのと同様の使い方である．応用プログラムからはネットワークもオペレーティングシステムの内部に取り込まれたように見える（ただし，この機能（遠隔手続き呼出し機能）はオペレーティングシステムの上位のミドルウェア[*2]で実現される

*1 ネットワークアーキテクチャやその階層については12.2節で述べる．

*2 ミドルウェアとは，オペレーティングシステムと応用プログラムの間に位置するプログラムのことである．

こともある）．この機能を利用することにより，離れたコンピュータ上に分散したプログラムが1つの応用プログラムを構成する（これを**分散アプリケーション**と呼ぶ）ことが容易になる．

ネットワーク内には種々のサーバが置かれるようになった．これらのサーバの機能（サービス）を利用するのにも，この遠隔呼出し機能が使われるようになってきている．

(e) ネットワークを見えなくする

ネットワークを完全にオペレーティングシステムの中に取り込み，利用する側からは見えなくする（ネットワークを不可視にする）ものを**分散オペレーティングシステム**といい，以前から研究が行われてきている．

■2. ネットワーク OS

狭義のネットワーク OS は，上に述べたような LAN 内でファイルサーバやプリントサーバを実現させるためのオペレーティングシステムの付加機能であった．

その後，ネットワーク機能（上述の (b)，(c) など）を備えたオペレーティングシステムを**ネットワーク OS**と呼ぶようになった．UNIX はインターネットプロトコル群，トランスポートサービスの API，ファイルサーバ機能やプリントサーバ機能を備えた最も強力なネットワーク OS であるといえよう．Windows もネットワーク OS の機能を有している．

■ 12.2　通信インタフェース：プロトコル*

* 参考文献 7) などを参照．

■1. プロトコルとネットワークアーキテクチャ

コンピュータ間の通信インタフェースは，一般に，**プロトコル**と呼ばれる．プロトコルをきちんと定義すると，コンピュータ（または端末や通信機器）間で受け渡されるデータの形式とその意味ということになる．すなわち，コンピュータどうしが通信するときに使う言葉ということである．

プロトコルは標準化がポイントになる．コンピュータどうしが同

じ標準の言葉を使わなければ，通信は成り立たない．しかしまた，ネットワーク技術はどんどん進歩しており，新しい通信技術，新しいネットワーク応用が日に日に生まれつつある．すなわち，プロトコルには拡張性もなければならない．標準化と拡張性という相矛盾する要求に対する解決策として，プロトコルを部品に分けて，階層的に構成することが行われるようになった．階層的に構成されたプロトコルの体系を**ネットワークアーキテクチャ**と呼ぶ．

プロトコルの階層構造のモデルとして，国際標準のネットワークアーキテクチャであるOSI（開放型システム間相互接続）の7階層モデルが有名である．しかし，第5層の同期をつかさどるセッション層と第6層のデータ表現をつかさどるプレゼンテーション層はあまり活用されておらず，それらを除いた5階層モデルで考えるほうがよい．この5階層モデルを図12.1に示す．

層	
5	応用層
4	トランスポート層
3	ネットワーク層
2	データリンク層
1	物理層

OSIの7階層モデルの第5層と第6層を除いたもの

図12.1　ネットワークアーキテクチャの5階層モデル

2. TCP/IP

IP：Internet Protocol
TCP：Transmission Control Protocol
UDP：User Datagram Protocol

インターネットのプロトコル群も5階層モデルに適合する．インターネットのプロトコルの第3層はIPであり，また第4層はTCPとUDPである．これらおよび関連するプロトコルをまとめてTCP/IPと呼ぶ．

TCP/IPはインターネットの前身であるARPAネットワークで開発されたが，その後UNIXのBSD版で実装され広まった．現在ではWindowsを含めてインターネットに接続できるどのオペレー

12.2 通信インタフェース：プロトコル

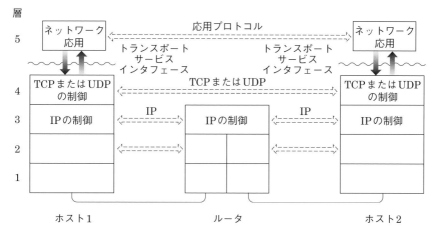

図 12.2　TCP, UDP, IP の位置付け

ティングシステムでもサポートされている．

　IP，TCP および UDP の位置付けを図 12.2 に示す．IP は，ネットワーク内の任意のホスト（ネットワークでは，コンピュータや端末をホストと呼ぶ）間の通信を可能にするためのプロトコルである．IP の情報（パケットという）はルータと呼ばれる中継装置で何段も中継されて，目的のホストまで届く．なお，UNIX は TCP/IP というインターネットのホスト機能だけでなく，ルータの機能もサポートしており，インターネットのルータとしても広く使われてきた．

　TCP と UDP は，2つのホスト内にあるアプリケーション間での通信を実現するためのプロトコルである．アプリケーションはこれらによって論理的な通信路を提供され，容易に相手との通信ができる．TCP はコネクション型*のプロトコルであり，信頼性の高い通信が実現される．UDP はコネクションレス型である．

＊　通信のはじめに相手との接続関係を確立する方式をコネクション型といい，それがない方式をコネクションレス型という．

　ホスト内のアプリケーションが TCP や UDP を利用するには，トランスポートサービスインタフェースを通して行う．ネットワークアーキテクチャとしては，このインタフェースは規定の対象外である．通信ができるためにはプロトコルが合っていればよく，トランスポートサービスインタフェースの形はホストごとに別々でもかまわない．しかし，オペレーティングシステムの立場からは，アプ

リケーション向けにこのインタフェースをきちんと規定する必要がある．これについては次節で述べる．

ネットワークのアプリケーションは TCP や UDP を用いて通信するが，やり取りされるデータがアプリケーション間のプロトコルを実現していることになる．図 12.2 にはこれも示している．

12.3 通信用プログラミングインタフェース

通信用プログラミングインタフェースの代表であるソケット機能について述べる．

1. ソケット機能

TCP および UDP が実現するトランスポートサービスを，オペレーティングシステムの API として提供しているのが，ソケット機能である．アプリケーションどうしが**ソケット機能**を使って通信を行える．ソケット機能ははじめに UNIX の BSD 版で開発され，広まった．ソケット機能は Windows でもサポートされている．

ソケットはアプリケーションからみた通信データの出入口である．電気が壁に埋め込まれているコンセント*から取り出せるように，相手アプリケーションからの通信データはソケットから取り出すことができる．また相手に渡すデータはソケットに流し込めばよい．アプリケーションからの要求によりソケットがつくられると，ソケットにはポートが割り当てられる．ポートとは TCP や UDP の通信の端点であり，通信するアプリケーションを区別するものである．TCP や UDP の通信データがもつアドレスは，送信元ポート番号と宛先ポート番号である．ソケットによる通信の概要を図 12.3 に示す．

* コンセントは和製英語であり，正式の英語はソケット（socket）．

ソケットを用いた通信のためにいくつかのシステムコールが用意されている．TCP に対応したコネクション型の通信を行う場合のプログラムの流れを図 12.4 に示す．ソケットの生成は socket システムコールで行う．bind システムコールでソケットにポート番号を割り当てる．コネクション型の通信を行うためには 2 つのプログ

12.3 通信用プログラミングインタフェース

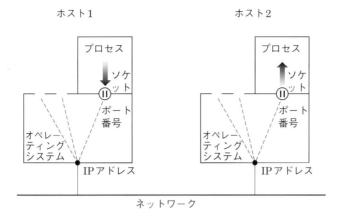

ホストはIPアドレスで区別される．

図 12.3　ソケットによる通信の概要

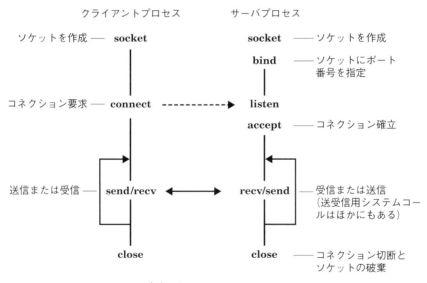

太字はシステムコール

図 12.4　ソケットを用いた通信のプログラムの流れ（コネクション型の場合）

ラム間でコネクション（接続関係）の確立が必要であり，connect，listen，およびacceptシステムコールを用いて行う．データの送受のためにsend，recvなど何組かのシステムコールが用意されており，全二重での通信[*1]が行える．データの送受はpipeを用いたプロセス間の通信に類似している．通信の終わりにはcloseシステムコールを発行してソケットを閉じる．

*1 全二重通信：送信と受信の双方向の通信を同時に行える方式．

2. ピアツーピア通信における注意事項

ソケットの場合，コネクションの確立に関しては2つのプログラムの間に役割の違いがあるが，データの送受については2つは対等である．このような対等な通信方式を**ピアツーピア（同位）通信方式**という．

ピアツーピア：peer-to-peer

ピアツーピアの全二重通信は最も融通性が高いが，一般にはデータが非同期に到着することになるので[*2]，プログラム間の同期の取り方に注意が必要となる．例えば，両方ともが受信に入って相手からのデータを待つと，デッドロックになってしまう．これを回避するためには多重スレッド構造にすることなどが必要であり，プログラムが難しくなる．

*2 非同期とは，受信する側の処理とは関係しない独立のタイミングでデータがやってくること．

12.4 クライアント・サーバ方式

本節では通信用プログラミングインタフェースの拡張として，分散アプリケーションの構築をより容易にするための技術について述べる．

1. クライアント・サーバ方式

通信しあうプログラムを対等の位置に置くのではなく，ネットワークを介してサービスを提供する側と，サービスを要求して受ける側とに役割を分けることにより，通信のやり方を含めて全体のプログラム構造がすっきりする．前者を**サーバプログラム**（略してサーバ），後者を**クライアントプログラム**（略してクライアント）と呼ぶ．また，ネットワーク上のアプリケーション（分散アプリケーシ

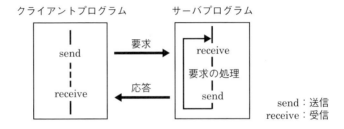

図12.5　クライアント・サーバ方式

ョン）をこのようにサーバとクライアントから構成する方式を**クライアント・サーバ方式**と呼ぶ．

クライアント・サーバ方式での通信の概要を図12.5に示す．1回の通信はクライアントが開始し，サーバに対してあるサービスを指定した**要求**を送る．サーバはそれを受け取ると，その内容に応じた処理を行い，結果を**応答**としてクライアントに返す．クライアント・サーバ方式での通信は，クライアント側は送信した後に受信，またサーバ側はその逆に受信した後に送信，という単純なもので，かつクライアント・サーバ間で同期が取れたものになる．したがって，プログラム構造も単純（処理の流れは1つ）でよい．

ただし，サーバが多数のクライアントにサービスをする場合は，複数のクライアントからの要求を並列に処理できるように，処理の流れを複数もつ構造にする．

2. 遠隔手続き呼出し（RPC）

クライアント・サーバ方式での要求・応答型の通信を拡張して，クライアントがサーバ側の手続き（または関数）を呼び出し，サーバ側はその手続きを実行し，結果の戻り値をクライアントに返す，という形にすると，プログラムがわかりやすく，またつくりやすくなる．それはプログラムでよく使うサブルーチンコール（手続き呼出し）を分散環境に拡張したものであり，**遠隔手続き呼出し（RPC）**と呼ばれる．RPCによる通信を図12.6に示す．アプリケーションからみると，通信をしているというより，手続き（それは遠隔地に

RPC : Remote Procedure Call

第12章 ネットワークの制御

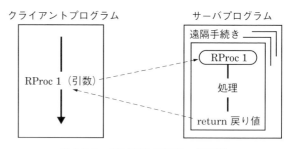

図12.6 遠隔手続き呼出し（RPC）

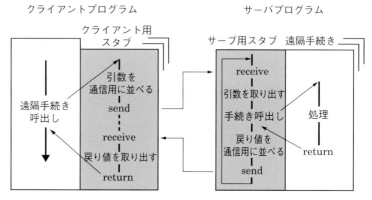

図12.7 RPCのメカニズム

ある）を呼び出して実行しているだけである．分散アプリケーションの作成が，通信のパラダイムでなく，一般的なプログラミングのパラダイムで行えることになる．

　RPCでは，実際の通信の処理はRPC用のライブラリルーチン（コンパイラなどが自動生成してくれることが多く，スタブと呼ばれる）の中で行われる．これを図12.7に示す．

　RPCは，プロトコルとしては応用層中の下位の副層として位置付けられる．また，アプリケーションへ提供されるインタフェースとしては，遠隔手続きを定義し，またそれを呼び出す仕掛けが該当する．

　RPCは，NFS[*1]を実現する際の基盤として用いられている．また，OSF[*2]が技術開発したオペレーティングシステムへのネット

スタブ：stub

*1 次節参照．
*2 OSF (Open Software Foundation) については第4章のコラム (p.51) 参照．

12.4 クライアント・サーバ方式

DCE：Distributed Computing Environment

ワーク用付加機能である分散コンピューティング環境 DCE も，RPC 機能を含んでいる．

3. 分散オブジェクト技術

オブジェクト指向は，システムを複数のオブジェクトから構成し，それらがメッセージを交換する，というモデルであるので，ネットワーク環境にもよく適合する．ネットワーク上に分散したオブジェクト（すなわち分散オブジェクト）間で，RPC と同様の方法で遠隔メソッド[1]を呼び出し，またその結果を受け取る，ということを実現する技術を**分散オブジェクト技術**という．分散オブジェクトの場合は，クライアント・サーバの関係が固定ではなく，分散オブジェクト全体の中にいろいろなクライアント・サーバの関係があってもよい．すなわち，分散オブジェクトはクライアント・サーバ方式を拡張したものである．

[1] オブジェクト指向では手続きの代わりにメソッドという．

OMG：Object Management Group

CORBA：Common Object Request Broker Architecture

分散オブジェクト技術の1つとして，OMG という団体が開発した**共通オブジェクトリクエストブローカアーキテクチャ（CORBA）**がある．これは，機種の異なるコンピュータを用い，また異なる開発用プログラミング言語を用いるという，異機種，異プログラミング言語環境で，1つの分散アプリケーションを構築することを可能にする技術である．CORBA そのものは仕様の集まりであり，中心的な仕様の1つが**インタフェース定義言語（IDL**[2]**）**である．これは分散オブジェクト間のインタフェース（遠隔メソッドを呼び出すための操作およびその戻り値）を定義するための共通言語である．IDL で定義されたインタフェース記述は，開発用プログラミング言語ごとに用意される変換プログラム（IDL コンパイラ）で，通信用のライブラリルーチン（スタブとスケルトンと呼ばれる）に変換される．これらを，CORBA の別の仕様に基づいてつくられた通信基盤プログラムであるオブジェクトリクエストブローカの上で動かすことにより，実際の通信が実現される．図 12.8 にこの仕組みを示す．オブジェクトリクエストブローカ（ORB）は，ホストごとに存在する ORB 製品（それは機種およびプログラミング言語ごとに異なる）が連携して実現している．CORBA はオペレーティングシステムとアプリケーションの中間に位置するミドルウェアとして位

[2] IDL：Interface Definition Language. DCE の RPC も IDL をもっている．

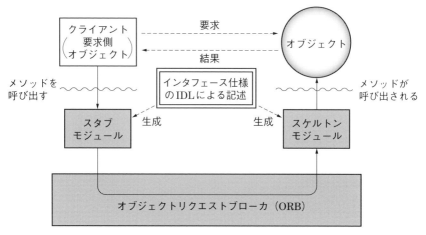

図 12.8　CORBA による通信のメカニズム

置付けることができる．

　Windows による開発環境を前提にした分散オブジェクト技術が Microsoft 社の分散コンポーネントオブジェクトモデル（DCOM）である．これは同社のオブジェクト指向に基づいたプログラム開発技術であるコンポーネントオブジェクトモデル（COM）を分散環境用に拡張したものである．DCOM では DCE の RPC の仕様を取り込んでいる．

　Java 言語を前提に Java API の一部として提供されている分散オブジェクト技術が Java 遠隔メソッド呼出し（RMI）である．分散オブジェクト間のインタフェース定義は Java の「インタフェース」として記述する．その他の仕組みは CORBA の簡易版といえる．

RMI：Remote Method Invocation

12.5　ネットワークを介したオペレーティングシステム機能の利用

　プログラミング以外の機能について述べる．

1. コンピュータのリモート操作

　コンピュータのリモート操作*のためのインターネットの標準プ

*　端末側のコンピュータから遠方にあるコンピュータを操作すること．

ロトコルが TELNET であり，それを実装したオペレーティングシステムの機能が telnet である．端末側のコンピュータにいる利用者が telnet コマンドを打ち込み，遠方（リモート）のコンピュータ側の利用者 ID およびパスワードを与えることにより，リモートコンピュータにログインできて，以降リモート操作が可能になる．telnet は UNIX でサポートされている．

インターネットの上で TELNET を使うとき，利用者 ID やパスワードが漏洩する危険性がある．そこで，利用者 ID およびパスワード，さらにその後の操作のための入出力データも，すべて暗号化して通信するようにしたものに ssh（セキュアシェル）があり，広く使われている．

ssh：secure shell

▌2. リモートファイル転送

リモートコンピュータとのファイル転送（自コンピュータ上のファイルをリモートコンピュータへ転送したり，またリモートコンピュータ上のファイルを自コンピュータへ転送する）のためのインターネットの標準プロトコルが FTP であり，それを実装したオペレーティングシステムの機能が ftp である．端末側のコンピュータにいる利用者が ftp コマンドを打ち込み，リモートコンピュータ側の利用者 ID およびパスワードを与えることにより，リモートコンピュータにログインできて，以降ファイル操作が可能になる．ftp は UNIX のほか Windows などでもサポートされている．

FTP：File Transfer Protocol

インターネットの上で FTP を使うときは，TELNET と同様に利用者 ID やパスワードが漏洩する危険性がある．そこで，ssh による暗号化通信を経由して ftp コマンドと同等の使い方ができる sftp コマンドや，FTP を拡張して暗号化通信に対応した FTPS などが使われている．

▌3. ネットワーク OS レベルでのファイル共用

複数の UNIX システム間でファイルを共用する機能として広く普及しているものに Sun Microsystems 社が開発した NFS がある．共用されるファイルをもつシステムを NFS サーバと呼ぶ．共用ファイルを利用する側のシステム（クライアント）では，NFS サー

NFS：Network File System

バ上にあるリモートのファイルシステムを自システムのファイルシステム内にマウント（リモートマウント）することにより，実際にはリモートにあるファイルも自分のファイルシステムの一部として使用することができる．

NFS は，今どのファイルがオープンされているかというファイルの状態をサーバが管理しない（stateless という）という単純な制御方法に特徴がある．そのため，同一ファイルを複数のシステムで同時更新する，ということも起こり得るが，それは利用者側の責任としている．これは，単一の UNIX 上で行われているファイル共用の制御とは異なる．すなわち NFS は UNIX のファイルセマンティクス*を満たしていない．しかしこの単純さにより，システムのダウン時に起こり得るデッドロックなどのさまざまな問題を回避している．

> * セマンティクスとは意味論の意．すなわち，インタフェースの形式ではなく，その意味（すなわち動作）を指す．

NFS では制御データやファイルデータの転送は RPC を用いて実現している．

> SMB：Server Message Block

Windows では SMB というファイル共有プロトコルを用いてファイルを共有する．SMB はもともと IBM が MS-DOS 向けに開発したものであるが，その後 Microsoft 社が Windows 向けに拡張を施し，非常に高機能なファイル共有プロトコルになっている．基本的なプロトコルは公開されており，UNIX からもアクセスすることができる．

近年では，Dropbox を始めとしてクラウド上に置かれたファイルを自分のファイルシステムの一部として使用したり，ローカルのファイルシステムと同期して使うケースが増えている．これらのファイルシステムで使われるプロトコルは各サービスごとに独自のものが用いられている．

12.6 分散オペレーティングシステム

1. 分散ファイルシステム

ネットワーク上に分散したファイルを共用する機能で，ローカルオペレーティングシステムのもつファイルセマンティクスをなるべ

く満たすようにしたものを分散ファイルシステムと呼ぶ．

DCE の DFS は分散ファイルシステムの1つである[*1]．性能を上げるためにオープンされたファイルのすべてのデータはクライアントに送られ，キャッシュされる．ファイルのクローズ時に，更新されたファイルがサーバに戻され，原本が更新される．

[*1] DFS：Distributed File Service は，米国 Carnegie Mellon University で研究開発された Andrew ファイルシステムをベースにしている．

2. 分散オペレーティングシステム

ネットワークで結ばれた複数のコンピュータが，利用者や応用プログラムからは1つのオペレーティングシステムで制御されているように見えるものを分散オペレーティングシステムといい，さまざまな研究が行われてきている．

演習問題

問1 コンピュータに LAN カードを取り付けて，LAN 経由でインターネットにつながるとき，オペレーティングシステムがサポートするプロトコルはどこからか．

問2 TCP のプロトコルを調べ，そのデータ形式と UNIX ファイルのデータ形式との間の類似性を考察せよ．

問3 全二重の通信路の上でシングルスレッドのプログラムどうしが通信する方法の1つに，送信権という特別のデータを用いて，半二重[*2]のピアツーピア通信を実現する方法がある（送信権をもっている側だけが送信（send）できる）．このプログラムの流れを示せ．

[*2] 半二重通信：一時には送信，受信のいずれかしか行えない方式．

問4 クライアント・サーバ方式で，サーバが複数クライアントからの要求を並列に処理できるようにするためのプログラム構造を示せ．

第13章

セキュリティと信頼性

コンピュータの安全性確保は情報化社会の発展のための重要な要件である．本章ではオペレーティングシステムが提供する基本的なセキュリティ機能や，重要性を増しているネットワークセキュリティなどについて学ぶ．

■13.1 コンピュータシステムの安全性を脅かすもの

コンピュータシステムの安全性を脅かす要因には，以下のようにさまざまなものがある．

① 天災
地震，洪水などの被害にあう．
② 人災
テロその他でコンピュータも巻添えになる．
③ 建物，コンピュータ室への不法侵入
破壊や窃盗の目的で侵入される．
④ 停電
停電でコンピュータがダウンする．

⑤　ハードウェア障害（プロセッサ，記憶装置，入出力装置，ネットワーク）

　　障害でコンピュータまたはその一部が動かなくなる．また，コンピュータ内に蓄積していたデータが失われる．
⑥　ソフトウェア不良

　　不良（バグ）のためにコンピュータまたはアプリケーションが動かなくなる．また，データが失われる．
⑦　操作ミス

　　操作ミスの結果，データが失われたりする．
⑧　ネットワークでの盗聴

　　ネットワーク上を流れる情報が盗聴される．
⑨　不法アクセス

　　ネットワークを介してシステムに不法に侵入される．システムの不正使用，データの窃盗，改ざん，破壊などが行われる．
⑩　不正プログラム（ウイルスなど）

　　不正プログラムがシステムに入り込み，被害を起こす．さらにその不正プログラムが増殖し，被害を拡大させることもある．
⑪　不正ネットワークトラフィック

　　大量のパケットや電子メールを送りつけ，通信をできなくする．

これらの要因は，非人為的なものと人為的なものとに分かれる．また人為的なものは，不注意によるものと故意（悪意）によるものとに分かれる．このうち最も厄介なものが故意によるものである．インターネットが普及し，コンピュータがネットワークにつながるのがあたりまえになって，ネットワークを介した悪意による安全性への脅威（上の⑧以降）が，社会的な問題にもなってきている．

13.2　安全性に関する特性

　　上で述べたような安全性への脅威に対して，それを防ぎ，対処するシステムの特性として次のようなものがある．

13.3 記憶保護と実行モード

信頼性：reliability

① **信頼性**

システムが故障せずに動く特性が信頼性である．ハードウェアの故障やソフトウェアのバグは主として信頼性に関わる問題である．信頼性の向上はハードウェアでも図られるが，オペレーティングシステムを含めたソフトウェアによっても図られる．

*1 可用性：availability．英語の available は「利用（使用）できる」という意味の普通の単語である．これに対応するよい日本語がない．

② **可用性**[*1]

システムが機能を維持し続ける特性を可用性と呼ぶ．例えば，無停止電源装置により停電時にもシステムが一定時間動くようにするのは，可用性向上対策の1つである．

*2 セキュリティ：security．安全確保，保安といった意味．セキュリティを機密保護と訳すこともあるが，機密保護では範囲が狭すぎるので，近頃はカタカナで呼ばれることが多い．

③ **セキュリティ**[*2]

故意によるシステムの安全性への脅威（システムへの侵入，不正使用，情報の窃盗，改ざん，破壊など）への対処をセキュリティという．

完全性：integrity

セキュリティの穴：security hole

④ **完全性**

システムに欠陥がなく，機能が意図どおりに動く特性を完全性という．なお，システムの欠陥（すなわち完全性の欠如）によりセキュリティの問題を引き起こすとき，そのような欠陥をセキュリティの穴という．

■13.3 記憶保護と実行モード

本節で述べる記憶保護と実行モードや次節で述べるファイル保護は，セキュリティのための機能であるとともに，信頼性を上げるためのものでもある．

記憶保護：memory protection

■1．記憶保護

記憶保護とは，権限のないプログラムからメモリの内容をのぞかれたり，または壊されたりすることを防ぐことである．保護したいケースには次がある．

・応用プログラムからオペレーティングシステムのプログラムやデータが壊せない，また，のぞけない．
・別プロセスのプログラムから，ほかのプロセスのプログラムや

データが壊せない，また，のぞけない．
・1つのプログラム内で，誤ってプログラム部分や不変データ部分が壊されることがない．

記憶保護のために，ハードウェアは**記憶保護機構**をもつ．オペレーティングシステムはこれを利用して，記憶保護の制御を行う．記憶保護の基本は，メモリの領域ごとに次のような**保護モード**を設定できることである．

① **書込み保護**
その領域には書き込めない．

② **読出し保護**
その領域からは読み出せない．

③ **実行保護**
その領域はプログラムとして実行ができない．

システムによっては書込み保護だけ，という簡単な方式をとっているものもある．その場合は，書込み保護が指定されている領域には書き込めないが，読出しと実行はできる．

書込み，読出し，および実行保護のために，メモリの領域ごとにそれを表す保護ビットをもつ．仮想記憶方式の場合はアドレス変換表のページ(またはセグメント)に対応したエントリに保護ビットをもつ．図13.1にその例を示す．保護ビットにより領域ごとの保護が可能になる．プログラム実行時に記憶保護に違反した場合は，記憶保護例外の割込みが起こる．そしてプログラムは異常終了させられる．

さらに，多重仮想記憶方式の場合には次の強力な保護ができる．

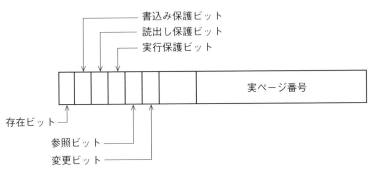

図13.1 アドレス変換表のエントリの記憶保護ビットの例

④ 仮想空間の壁による保護

仮想空間はほかの仮想空間からはアクセスできない．したがって，書込み，読出し，実行もできない．

多重仮想記憶方式の場合の記憶保護のようすを図13.2に示す．各仮想空間は互いに仮想空間の壁で保護される．仮想空間内は，ユーザ領域のプログラムを実行中はオペレーティングシステム領域にアクセスできないように，オペレーティングシステム領域を保護ビットにより保護する．さらにユーザ領域内でも，プログラム領域と不変データを置く領域を保護ビットで保護する．

なお，複数の仮想空間の間で，ある制約のもとで同一実ページの共用を許すというメモリ共用機能もある．なお，オペレーティングシステムも実メモリが共用されている．

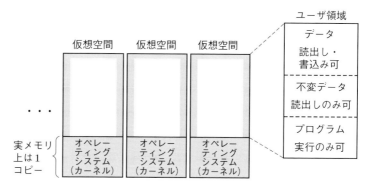

図13.2 仮想メモリにおける記憶保護

2. 実行モード

コンピュータの実行モードにより，非特権モードで動く応用プログラムは入出力命令などの特権命令を使えず，システムの共通資源を直接制御することができない．すなわち，応用プログラムはオペレーティングシステムやほかの応用プログラムの実行を妨害することができないようになっている．これは複数の利用者を前提としたシステムでは基本的なことである．

リング保護

オペレーティングシステムをより信頼度高く構成できるようにするために，特権レベルを複数もたせたコンピュータもある．オペレーティングシステムのカーネルは最も高い特権レベルに置き，その他のオペレーティングシステムはより低い特権レベルに置く．そして応用プログラムは最下位に置く．この構成をリング状に表すことが行われ，そのためこの方式を**リング保護**と呼ぶ．リング保護は Multics の技術の 1 つであった．その後，ほかのシステムでも採用された*．

Intel 社のプロセッサ（IA-32 アーキテクチャ）もリング保護機構をもっている（図 13.3 参照）．特権レベルは 0 から 3 まであり，レベル 0 が最も高い．また，レベル 3 が最も低く非特権に相当する．特権レベルはセグメントに対応して付けられる．低いレベルから高いレベルへのアクセスは，ゲートという特別の入口から上位のプログラムを呼び出すことだけが可能である．

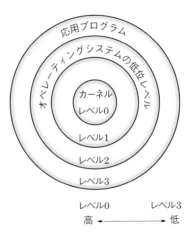

図 13.3　リング保護（Intel 社　IA-32 アーキテクチャ）

* リング保護は日立の HITAC 8700/8800 コンピュータとそのオペレーティングシステムである OS7 でも採用された．

13.4 ファイルの保護と共用

1. ファイルの所有者

　ファイルやディレクトリにはそれぞれ所有者があり，それを作成した利用者が所有者になる．ある利用者が所有するファイルおよびディレクトリは，その利用者のホームディレクトリ以下に置かれて，ファイルシステムの部分木を構成する．利用者は自分のホームディレクトリ以下のディレクトリとファイルを管理する．他人のホームディレクトリ以下は，共用を許可されていないかぎりアクセスできない．このような利用者間の保護はオペレーティングシステムのファイル管理によって行われる（図 13.4 参照）．

　なお，システムを管理する人，すなわちシステム管理者は特別な利用者であり，システム内のどのファイルでもアクセスし，また操作できる権限をもつ．UNIX の場合，システム管理者はファイルシステムの構成と関連付けてルートと呼ばれる．システムの共通ファイルの所有者はルートとなる．

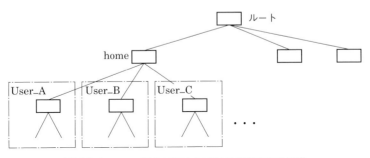

図 13.4　ファイルシステムにおける利用者間の保護

ファイル保護：
file protection

2. ファイル保護

　各ファイルにはどのようなアクセスを許すかを指定できる．次の3つの**アクセス許可モード**（**参照許可モード**）がある．

　① 読出し許可

　　そのファイルを読むことができる．

② 書込み許可
そのファイルへ書くことができる．
③ 実行許可
そのファイルを実行可能ファイルとしてメモリに読み込んで実行することができる．

ひとりの利用者にとっては，アクセス許可モードを指定することにより，大事なファイルを誤って書き換えてしまうことなどが防げる．ファイルの共用との関係については次に述べる．

3. ファイルの共用

ファイルは情報という重要な資源を格納しており，それをほかの利用者と共用することは大きな意味がある．

ファイルの所有者は，ほかの利用者にファイルの共用を許可することができる．共用の許可の範囲は通常次の2つである．

① グループ内共用
   利用者はグループを構成している．自分と同じグループ内の利用者に共用を許可する．
② システム内共用
   同一システム内の誰にでも共用を許可する．

共用を許可する場合，どのアクセス許可モードでの共用を許可するかも指定する．

UNIX の場合，ファイルまたはディレクトリに対応して，自分，グループ内，およびシステム内のアクセス許可モード（合計9ビット）が i ノード*の中に記録される（図 13.5）．アクセス許可の変更

* i ノードは 6.6 節参照．

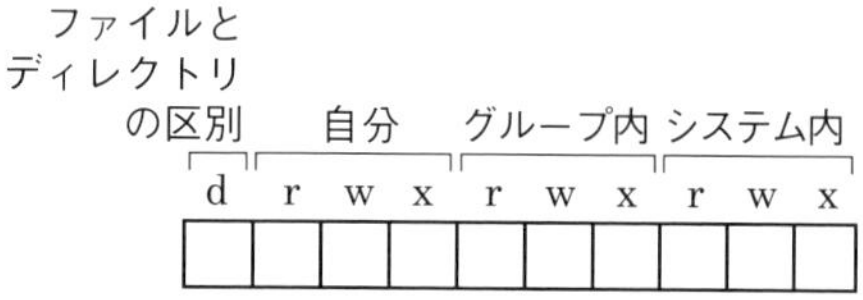

```
ファイルと
ディレクトリ
の区別   自分    グループ内 システム内
 d   r w x   r w x   r w x
```

例：-rwx------ 自分だけ読み，書き，実行可
    -rwxr-x--- グループメンバは読み，実行可
    -r-xr-xr-x 誰でも読み，実行可

図 13.5　UNIX のファイル保護

はchmodコマンドで行える．またlsコマンドを用いてこの内容を表示することができる．

13.5 利用者の認証

利用者認証はセキュリティのための基本の機能である．

1. 登録された利用者

コンピュータシステムを利用できるのは登録された利用者に限られる．パーソナルコンピュータは例外であったが，近頃ではパーソナルコンピュータでも登録された利用者だけが使えるように設定できる．登録された利用者には**利用者ID**（アカウント名とも呼ばれる）が付けられる．この「登録された利用者」という考えが，システムの不正使用を防ぐもとになる．

登録された利用者の管理はオペレーティングシステムが行う．

2. 本人認証

利用者はコンピュータシステム（具体的にはオペレーティングシステム）を利用する際には，まず利用者IDをオペレーティングシステムに提示する．しかし利用者IDだけでは，その利用者がIDで表される本人であるかどうかの確認ができない．利用者が本当にそのIDで表される本人であるかどうかを確認することを**認証**という．

認証：
authentication

認証の方式として最も一般的なものが**パスワード**（合言葉）である．利用者IDとともに，他人には秘密のパスワードを入力することにより，オペレーティングシステムは認証を行える．

パスワードが漏れたり，破られたりしないようにするために，オペレーティングシステム側では次のような措置を取る．

・裸のパスワード情報をシステム内にもたない．UNIXの場合，オペレーティングシステム内部には裸のパスワード情報をもたず，その代わりパスワードをある暗号化関数により暗号化した情報だけをもつ．認証時には，利用者が与えたパスワード文字列を同じ暗号化関数で暗号化して，保持している情報と合致す

るかどうかを判定する．こうすることにより，万一パスワード情報を格納したファイル（パスワードファイル）が盗まれても，直接パスワードが漏れることはない．
- 利用者が何度か誤ったパスワードを投入したら，認証失敗として打ち切る．さらに，その記録を取る．システムへの不正侵入攻撃である可能性があるためである．

また，利用者側でもパスワードに関して次のような注意が必要である．

- 他人から類推されないものにする．英字だけでなく，数字や特殊記号も含める．またできるだけ長いものにする．なお，英語の辞書に載っている単語をパスワードとして利用することは危険である．万一パスワードファイルが盗まれた場合，英語の辞書にある単語（たかだか数万）を暗号化関数で暗号化してパスワードファイル内の情報と比較することにより，簡単に破られてしまう．この攻撃法を**辞書法**という．
- 他人に教えぬこと．
- 自分は忘れぬこと．
- インターネットを介してパスワードを送らないこと．これは盗み見される危険性がある．

なお，システムの管理者（ルート）のパスワード（ルートパスワード）はシステムのマスタキーにあたり，それを知れば何でもできてしまう．これについては特に厳重な管理が必要である．

個人の身体的特徴，例えば指紋など，を本人認証に利用することも実用化されている．しかし，それを読み取ったデータが盗まれないようにしなければならない．

13.6　ネットワークセキュリティ

インターネットで世界中のコンピュータがつながるようになり，悪意をもった者（クラッカー）にとっては攻撃をかけやすくなった．また，被害もより大きなものになってきた．

1. 不正アクセス

利用の権限がないのに，あるいは与えらた利用権限の範囲を超えて，ネットワークを介して意図的にシステムの利用を図ることを**不正アクセス**という．システムに侵入して単にシステムを利用するだけでなく，システムの情報を盗み出したり，情報を書き換えたり，またはシステムを破壊したりすることもある．

不正アクセスは，パスワードが破られた結果起こることが多い．このための対策としては，前節で述べたようなパスワードの管理を厳重に行うことが必要である．さらに，ネットワークを介した安全な本人認証として，公開鍵暗号を用いた方式があり，ssh（セキュアシェル）などで用いられている．

その他，ソフトウェアのバグを突いてシステムに侵入することや，次に述べる不正プログラムによってシステムに侵入することもある．

2. 不正プログラム

利用者の意図しない振舞いをする，意図的に作成された悪質なプログラムがある．このようなプログラムは従来フロッピーディスクでプログラムやデータをやり取りしたり，ほかのコンピュータとプログラムやデータを共有することで，システムに入り込んで来たが，近頃ではインターネットでメールをやり取りしたり，ファイルをダウンロードするだけでも入り込んでくる．

このような不正プログラムのうち，最も厄介なものが**コンピュータウイルス**（ウイルス）である．コンピュータウイルスとは，データの破壊などの悪質な振舞いをする発病機能をもった不正プログラムのことで，ほかのプログラムやシステムに自らをコピーする自己伝染機能，一定の条件がそろうまで動かない潜伏機能などをもつことがある．近年ではパソコンからスマートフォンまであらゆるクライアントマシンがウイルスに狙われている．例えば，電子メールの添付ファイルとして実行形式のプログラムが送られてくることがある．この添付ファイルがウイルスをもっていると，添付ファイルを開くためにマウスをクリックするだけで，プログラムに付着したウイルスが実行され，システムが感染してしまう．さらにウイルス

が，感染したシステムにある電子メールのアドレス帳などを使い同様なメールをばらまくことにより，次々に感染が広がってしまうこともある．実行形式プログラムだけでなく，ワープロ文書などでもプログラムを組み込めるものがあり，その中にウイルスが潜んでいることもある．

さらに，サーバマシンでも，プログラムのバグを突かれて，ウイルスが入り込むことがある*．

* ウェブサーバプログラムのバグを利用して感染が広まった例もある.

ウイルスに対しては，オペレーティングシステムの保護機構を堅ろうに保ち，かつバグなどによるセキュリティの穴をなくして，少なくとも応用プログラムによってシステムが混乱させられることがないようにすることが根本であろう．さらに，出所が確かでないソフトウェアやデータは受け取らない，受け取ってしまっても捨てる，ワクチンプログラムなどを使ってウイルスの検出と駆除を図る，などの対策を取る必要がある．

3. 暗号化

インターネットでは，途中の中継コンピュータ（ルータ）で転送データが見えてしまう．したがって秘密にしたいデータは暗号化して送る必要がある．

暗号方式には，暗号化と復号で同一の鍵を使う**共通鍵暗号方式**と，暗号化と復号では別の鍵を使う**公開鍵暗号方式**とがある．公開

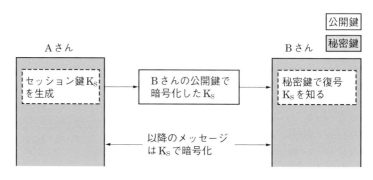

K_Sは共通鍵暗号の鍵（使い捨て）
AさんはBさんの正しい公開鍵を知っているものとする．

図13.6　公開鍵暗号を用いて共通鍵暗号の鍵を送る

鍵暗号方式では1つの鍵は公開し（公開鍵という），他方の鍵は秘匿する（秘密鍵という）．公開鍵暗号はネットワーク環境での鍵の管理が容易であるという利点がある．ただし，暗号化と復号の処理オーバヘッドが大きいため，共通鍵暗号の鍵を送るためや認証のために用いられている．図 13.6 に公開鍵暗号を利用して共通鍵暗号の鍵を送り，その後の通信は共通鍵暗号を用いて行うようすを示す．また，文書の偽造や改ざんへの対策も，公開鍵暗号により行うことができる．

■ 13.7　オペレーティングシステムの信頼性，可用性機能

システムの信頼性と可用性を向上させるのもオペレーティングシステムの重要な役割である．そのためのいくつかの機能について述べる．

■1. 入出力エラー回復

入出力装置への入出力時に障害（エラー）が発生した場合，オペレーティングシステムによるエラー回復処理が行われる．同じ入出力動作を何度か（数十回程度）繰り返すことにより，一時的な障害は回避できる．恒久的な障害の場合はその入出力装置の使用を停止するなどの措置をとる．

■2. ファイルシステムのバックアップと回復

ファイルシステム全体またはその一部のバックアップコピーを定期的に取ることにより，万一ファイルシステムが壊れたときでも，被害を小さくすることができる．オペレーティングシステムはこのためのツールを提供している*．

* 14.4 節参照.

■3. 二重化システム

信頼性を向上させるために，システムの構成要素を二重化することが行われる．ディスク装置を二重化して，書込みは両方のディスクに対して行うものをミラーディスクという．

4. 自動運転

オペレーティングシステムの自動運転機能を用いてシステムの運転を自動化することにより，人間による操作ミスを回避でき，信頼性およびセキュリティの向上を図ることができる．

演習問題

問1 プロセスに新たにメモリ領域を割り当てるとき，オペレーティングシステムでセキュリティ上考慮すべきことは何か．

問2 応用プログラム実行時にメモリのオペレーティングシステム領域が読み出せた場合，どのような問題があるか（書込み保護はなされているとする）．

問3 ある人が公開鍵暗号の秘密鍵と公開鍵をもつとする．あるメッセージを秘密鍵で暗号化したものは，その人の電子的な署名の役割を果たす．これを利用してネットワークを介した安全な本人認証を行うことができる．どのようにすればよいか（なお，秘密鍵で暗号化したものは公開鍵で復号できる，ということを前提にする）．

第14章

システムの運用管理

オペレーティングシステムは,コンピュータシステムの運用を円滑に行うための機能を提供している.本章では主としてシステム管理者が行う主要な運用管理の内容と,そのためのオペレーティングシステムの機能について学ぶ.

14.1 運用管理

コンピュータシステムの運用とは,システムが日常,目的どおりの機能を維持するために必要な業務を実際に行うことである.また運用管理とは,運用のための管理業務であり,システムが日常,目的どおりの機能を支障なく果たすために必要な事項を責任をもって行わせる,または行うことを意味する.

1. 運用管理の対象

運用管理の対象となるコンピュータシステムには,集中化された大型システムから個人用のコンピュータまでがある.

企業などの組織のコンピュータシステムは,共通的な処理を行うための集中化されたシステムと,各利用者部門に分散して設置されたシステムとがある.利用者部門のシステムには,その部門で共用

されるシステム（例えばファイルサーバや高機能プリンタ）と，個人ごとのコンピュータ（パーソナルコンピュータやワークステーション）がある．それらのシステムは組織内のネットワークで結ばれてイントラネットを構成し，またファイアウォール経由で外部のインターネットにも接続されている．

コンピュータは多くの家庭でも使われている．そしてインターネットサービスプロバイダ経由でインターネットに接続することが普通である．さらに，家庭でも個人ごとにコンピュータをもつようになってきており，無線のローカルエリアネットワークなどが使われるようになってきた．

2. 運用管理体制

組織の集中化されたシステムの運用管理は情報システム部門によって行われる．利用者部門のコンピュータには，利用者部門によって運用管理が行われる場合と，情報システム部門が運用管理サービスを提供する場合とがある．

情報システム部門による運用管理においても，また利用者部門が運用管理を行う場合でも，まず運用管理体制を明確に決める必要がある．これには次の2つのレベルがある．

① 運用管理責任者

コンピュータシステムが設置された目的どおりに運用されることに責任をもつ（通常はひとりである）．コンピュータシステムのセキュリティなどについても責任をもつ．運用管理責任者は必要な人数の運用管理担当者を任命する．

② 運用管理担当者

実際にコンピュータシステムを操作して，運用管理の実務を行う．したがって，オペレーティングシステムの運用管理機能などに精通している．運用管理担当者は運用管理責任者の指示に従う．

外部に委託：アウトソーシング

なお，運用管理を自組織内の要員で行うのではなく，外部に委託する場合もある．

家庭でコンピュータを使う場合でも，ネットワーク接続などある程度の運用管理は必要であり，これは利用者自身が行うことになる．

3. 運用管理の内容

運用管理には次のような項目が含まれる．

① 利用者管理

システムの利用者を登録する．

② 構成管理

ハードウェアの機器構成やソフトウェアの構成を設定する．

③ 障害管理

障害の発生を予防し，また発生した障害に対処する．

④ 稼働管理

システムが稼働した時間帯およびその間の利用者数や処理ジョブ数などを把握する．

⑤ 性能管理

システムが所定の性能を発揮するようにする．

⑥ セキュリティ管理

セキュリティ上の問題が生じないようにする．

⑦ ネットワーク管理

ネットワークに関して上で述べたような管理を行う．

これらの概要を表 14.1 に示す．次節以降では①から③について，

表 14.1 運用管理の種類と概要

種　類	概　要
利用者管理	・利用者の登録 ・利用者の利用情報（課金情報）の取得
構成管理	・システム構成（ハードウェアおよびソフトウェア）の設定と更新
障害管理	・障害ログによる障害の早期発見 ・定期的なファイルバックアップ ・障害時のシステムの復旧 ・故障機器の交換，ソフトウェアの更新
稼働管理	・稼働統計（システム使用統計）の取得と分析 ・システムの稼働率向上の対策
性能管理	・システム性能に関する統計情報の取得と分析 ・性能上のボトルネックの検出と除去
セキュリティ管理	・セキュリティ施策の実施 ・セキュリティ問題の監視 ・発生した問題の対策
ネットワーク管理	・ネットワークに関して上述の管理を行う

それぞれの管理の内容と，そのためのオペレーティングシステムの機能について述べる．なお，運用管理のためのオペレーティングシステムの機能は主としてシステム管理者向けである．

■14.2 利用者管理

▍1. 利用者と利用者グループ

オペレーティングシステムは次の2種類の利用者を区別している．

① **システム管理者**

システムの運用管理を行う人であり，通常，システムのすべての資源にアクセスする権限をもつ．UNIX の場合は**スーパユーザ**がこれにあたる．スーパユーザは root というユーザ名をもち（したがってルートとも呼ばれる），すべてのファイルにアクセスする権限，すべてのコマンドを実行する権限などをもつ．なお，運用管理担当者は，オペレーティングシステムからみたシステム管理者として実際の運用管理を行う．システム管理者用のパスワード（UNIX ではルートパスワードという）はコンピュータシステムを自由にできるキー情報であるので，特に注意して管理する必要がある*．

② 一般利用者

コンピュータシステムをもっぱら利用する人である．

なお，**利用者グループ**を設定できるオペレーティングシステムもある．利用者グループとは，ファイルなどのシステムの資源を共用できる利用者の集まりである．

図 14.1 に運用管理者とシステムの利用者の関係を示す．

▍2. 利用者登録

一般利用者の登録はシステム管理者の仕事である．利用者を登録する際には，利用者 ID，所属する利用者グループ名，初期パスワード，その他の利用者用の環境を設定するための情報をオペレーティングシステムに与える．オペレーティングシステムはこれらの情報を保持するために，利用者登録簿の役割をするファイル，および

* システム管理者用のパスワードの管理は，運用管理責任者の責任とすべきである．運用管理責任者がパスワードの決定およびときどきの変更を行い，それを運用管理担当者に開示するようにする．

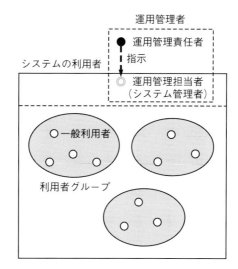

図 14.1　運用管理者とシステムの利用者

利用者ごとの環境情報用のファイルをもっている．

3. 課　金

　複数の利用者で共用するシステムでは，各利用者がシステム資源をどの程度使用したかを示す情報をオペレーティングシステムが採取し，ログなどとしてファイルに出力する．この情報を**課金情報**という．

　課金情報には次のようなものが含まれる．
- ・プロセッサ使用時間
- ・メモリ使用量
- ・ディスクスペース使用量
- ・印刷枚数

　課金情報には，利用者の１回のジョブ実行に対応して採取される情報と，長期的なシステム資源の使用（ディスクスペース使用量など）に対応する情報とがある．

　課金情報をもとにコンピュータシステムの使用料金を計算できる．

4. 資源使用量の制限

複数の利用者で共用するシステムで，特定の利用者がシステム資源を過大に利用することがないよう，システム資源使用量の上限を設定できる機能をもつオペレーティングシステムもある．

バッチ処理の場合には，1回のジョブ実行に対応してプロセッサ時間などの制限を設け，それを超えると実行を打ち切る処理が行われる．これは利用者プログラムのバグ対策にも役立つ．

利用者ごとの累積の資源使用量に対する制限を設けることができるオペレーティングシステムもある．UNIX の場合は利用者ごとに使用できるファイル数とファイルのブロック数の上限を設定する機能がある．このために，システム管理者用に quota コマンド[*1]が用意されている．

*1 quota は割当て量を意味する．

5. システム利用ログ

課金目的以外で，利用者がいつシステムを利用したかのログ[*2]をオペレーティングシステムが採取することもある．これはセキュリティ管理などにも利用される．

*2 起こったことなどを時間の経過に沿って記録したもの．

14.3 構成管理

1. システム構成

コンピュータシステムの構成を管理し，オペレーティングシステム内の構成管理情報を設定するのもシステム管理者の仕事である．

管理すべきシステム構成には次のようなものがある．

① ハードウェアの構成

　ハードウェアの機器構成に応じて，必要なデバイスドライバをオペレーティングシステムに組み込むことなどをしなければならない．

② ネットワークの構成

　ネットワークに対応して，IP アドレスなどの設定が必要である．

③ ファイルシステムの構成

ファイルシステムについては，どのディスクにファイルシステムをどう割り当てるか，といった構成設定が必要になる．
④ プログラムの構成
オペレーティングシステムも含めてプログラムについては，組込み（インストール）作業が必要になる．またプログラムはしばしば改版されるため，新しい版への更新も必要である．

2. システムの使用統計

オペレーティングシステムは，システムの使用状況を計測してその結果をシステムの使用統計としてシステム管理者に提供する機能をもつ．使用統計には次のような情報が含まれる．
・プロセッサの使用状況（使用率）
・メモリの使用状況
・ディスク装置へのアクセスの状況
・ディスクスペースの使用状況
・ネットワークの使用状況
・ソフトウェアの利用状況

これらの情報は，システムの稼働管理および性能管理に利用される．また，システム構成の更新を検討するときの基礎データとしても役立つ．

14.4 障害管理

1. 障害の予防

コンピュータシステムの障害には，ハードウェアの故障によるもの，ソフトウェアのバグによるもの，利用者の操作ミスによるものなどがある．これらの障害を防ぐための運用管理として，次のような項目がある．
① ハードウェア障害ログによる早期発見
入出力装置などでの一時的なエラーはオペレーティングシステムが管理する障害ログに記録されている．それを見て，早めに該当機器の保守点検を行う．

② ファイルシステムのバックアップ

コンピュータシステムで最も重要なのはファイルに保持されている情報である．災害，ハードウェアの故障，あるいはソフトウェアのバグなどによりその情報が失われると，利用者にとって大きな損害となる．したがって，ファイルシステムのバックアップを定期的に取っておくことは，運用管理の重要な仕事である．オペレーティングシステムはこのために，ファイルシステムのバックアップを取り，またバックアップ情報からファイルシステムを回復する機能を提供している（13.7節参照）．バックアップは，通常，取外し可能な媒体上（磁気テープなど）に取られる．ファイルシステム全体をバックアップテープ上にコピーするフルバックアップと，前回のバックアップ取得以降に更新されたファイルだけをコピーするインクリメンタルバックアップがある．ファイルシステムまたはファイルのバックアップは，利用者の誤操作（誤ってファイルを消去してしまうこと）の対策としても有用である．図14.2にファイルシステムのバックアップと回復のようすを示す．

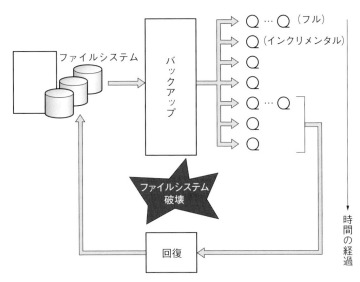

図14.2　ファイルシステムのバックアップと回復

③ ソフトウェアの更新

オペレーティングシステムを含め，ソフトウェアではしばしばバグ対策版が出されるので，早めにそれに切り替える．

2. 障害への対応

障害発生時の対応は，次のような手順となる．

① まず第1に，障害の状況の記録が必要である．これには，オペレーティングシステムが出力するメッセージや，ハードウェア障害ではハードウェア障害ログが役に立つ．また，オペレーティングシステムの実行が不能になった（ダウンまたはクラッシュした）ときには，オペレーティングシステムがその時点のメモリの内容を特定のファイルへ自動的に記録する（メモリダンプという）機能もある．

② 次にシステムを復旧させる必要がある．ただし，主要なハードウェアの恒久的な障害の場合は，システムは機能しないかもしれない．障害の結果ファイルシステムが壊れた場合は，バックアップテープからファイルシステムを回復する．

③ 次に障害の記録をベンダの保守サービス部門に連絡して，原因の究明と対策を依頼することになる．

④ 最後は障害の本対策である．ハードウェア障害の場合は，該当する機器の交換などが必要になる．ソフトウェアの場合は，障害を対策した更新版と入れ替える（または部分的な更新情報からなるパッチ版をあてる）．

なお，障害原因の究明と対策をベンダに依頼するには，保守サービス契約を結んでおくことが前提になる．

演習問題

問1 課金情報と使用統計情報の違いを述べよ．

問2 コンピュータシステムの運用管理グループが利用者部門に対して配慮すべき点は何か．

第15章 オペレーティングシステムと性能

オペレーティングシステムはシステムの性能をコントロールする役割をもつ．本章ではまずシステム性能の基本事項を学び，次にオペレーティングシステムのスケジューリングがシステム性能に与える効果について学ぶ．

15.1 性能の要素

1. 基本の考え方

　コンピュータシステム（以下システムという）の性能を簡単に表す指標として，プロセッサの速度や，メモリの容量などが使われる．これに対し，システムを利用する立場からは，システムで実行したい仕事（ジョブ）を処理するのにどの程度の性能が発揮されるかという点に関心がある．例えば，長時間の計算ジョブをもっている利用者は，それが何時間で終わるかに関心がある．またオンラインシステムの管理者は，1時間に何件の取引き（トランザクション）が処理できるかに関心がある．これらは，利用する立場から見たシステム性能といえる．

　プロセッサの速度やメモリの容量は，システムという入れ物の大きさ（すなわち容量）を表している．そして，システムで処理され

るジョブ（トランザクションも含めて）は入れ物に入るものであり，その大きさには大小がある．入れ物の容量と，それに入るジョブの大きさによって，ジョブの処理時間や単位時間当たりの処理件数などのシステム性能が決まる．この関係を図15.1に示す．

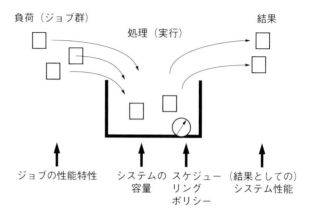

図15.1　システム性能の考え方

システムでジョブを処理するときにどのような順番で処理するかの制御，すなわちスケジューリングは，オペレーティングシステムの仕事である．これは，オペレーティングシステムにあらかじめ組み込まれているか，またはシステム管理者が与えるスケジューリングの方針（スケジューリングポリシー）に従って行われる．スケジューリングはシステム性能を調節するためのダイヤルの役割を果たす．

なお，基本的なシステム性能を計測するのもオペレーティングシステムの仕事である．

2. システムの容量

システムの容量は，システムの**資源**ごとに次のような量で表される．

① プロセッサ性能

単位時間当たりの命令実行数（**命令数/時間**）で表す．百万命令を単位としたMIPSなどが用いられている．しかし厳密にいうと，この量は実行されるプログラムの特性によって変わ

MIPS：Mega Instructions Per Second

る*．パーソナルコンピュータ用のプロセッサなどでは，プロセッサ性能を表すのにクロック周波数〔Hz〕を用いているが，これは間接的な指標である．

* プログラムが使用する命令語の分布によって変わる．

② **メモリ容量**
単位は **GB**（ギガバイト）など．

③ **入出力性能**（入出力装置ごと）
単位時間当たりのデータ転送量である**データ転送速度**（〔**MB**（メガバイト）**/時間**〕など）が基本の量である．ディスク装置の場合はシーク時間やサーチ時間もある．

④ **ディスク容量**
単位は **GB** または **TB**（テラバイト）など．

3. ジョブの性能特性

利用者が実行するひとまとまりのプログラムをジョブと呼ぶ．ジョブの性能特性は，次のような量で表される．

① **実行命令数**〔**命令数/ジョブ**〕
② **所要メモリ量**〔**MB** または **GB/ジョブ**〕
③ **入出力発行回数**〔**回/ジョブ**〕（入出力装置ごと）
④ **入出力データ量**〔**MB** または **GB/回**〕（入出力装置ごと）

システム性能は負荷であるジョブのサイズ（ジョブの性能特性）に依存している．そこでシステム性能を比較する場合には，標準的なジョブ群を定義する必要がある．そのような目的で使われるジョブを**ベンチマークジョブ**という．これらはシステム性能を測るための物差しの役割を果たす．

ベンチマークジョブ：benchmark job

15.2 システムの性能

システム性能には次のようないくつかの見方がある．
- システム全体の性能
- 個々の資源の利用度合い
- 個々のジョブからみた性能
- 端末の利用者からみた性能

第15章 オペレーティングシステムと性能

■1. システムの処理量：スループット

スループット：
throughput

システムの**単位時間当たりの処理量**〔件数/時間〕を**スループット**という．基本の処理量はジョブ数（またはトランザクション数）である．スループットは概念的には次式で表される．

$$スループット = \frac{システムの容量}{ジョブのサイズ}$$

詳細については15.3節で述べる．

スループットを比較するときには，前提とするジョブ群を定義する必要がある．

■2. 資源の利用率

ある資源が利用されている割合を**利用率**という．

① 順次使用資源の場合

プロセッサや入出力装置の場合，利用率は全時間に対する使用中の時間の割合である．図15.2に示すように個々の使用中の時間を T_i，空き時間を t_i とすると，利用率は次で表される．

$$利用率 = \frac{\sum T_i}{\sum (T_i + t_i)}$$

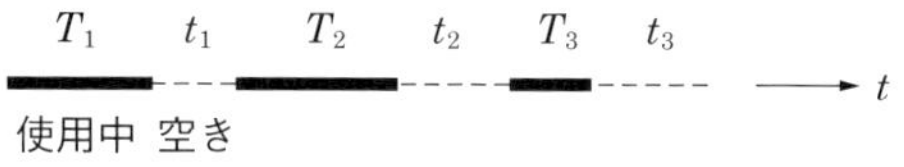

```
 T₁   t₁   T₂   t₂   T₃   t₃
━━━━ ---- ━━━━ ---- ━━━━ ----  → t
使用中 空き
```

図15.2 順次使用資源の使用状況の例

② 空間資源の場合

メモリなどの場合，利用率は次のようになる．

$$利用率 = \frac{使用中領域サイズ}{全領域サイズ}$$

■3. ジョブの経過時間

ジョブの実行開始から終了までの時間を経過時間で計ったものである（図15.3）．ジョブの経過時間の内訳は次のものからなる．

① 資源での処理時間

主なものはプロセッサ実行時間と入出力処理時間である．

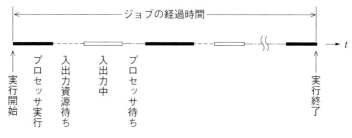

図 15.3　ジョブの経過時間

- **プロセッサ実行時間〔時間/ジョブ〕**
  ＝実行命令数/単位時間当たり平均命令実行数
  ＝実行命令数×平均命令実行時間
- **入出力処理時間〔時間/ジョブ〕**
  ＝（入出力発行回数×入出力データ量）/平均データ転送速度

データ転送速度は，ディスク装置などの場合は位置付け（シーク，サーチ）時間があるため，瞬間の最高速度と実効的な平均速度には差がある．

② 資源の空き待ち時間

マルチプログラミングの環境では，資源がほかのジョブによって使用中であるときにはそれが空くまで待たなければならない．次のような空き待ちがある．

- プロセッサ待ち　ジョブのプロセスがレディ状態でプロセッサが空くのを待つ．
- メモリ待ち　アドレス変換エラーが起こり，ページインが完了するまでの待ち．また，スワップアウトされているプロセスがメモリが空いてスワップインされるまでの待ち．
- 入出力装置待ち　入出力装置がほかのプロセスにより使用中のとき，それが空くまでの待ち．
- 排他的なソフトウェア資源待ち　オペレーティングシステム内のクリティカルセクションの待ちなど．

待ち時間の大きさは，同時に存在するジョブの数と種類およびスケジューリングポリシーに依存している．

4. 端末での応答時間

　TSSやオンラインシステムにおいて，端末から入力をしてからシステムがその入力で要求された処理を実行して応答が返ってくるまでの時間を**応答時間**という．

　TSSで端末からコマンドが入力された後，そのコマンドの実行が終わって応答が返ってくる場合，応答時間はコマンドによって起動されたジョブの経過時間である．またオンライン処理において，端末からの入力により1つのトランザクションが実行されて，結果が端末に返ってくるまでの応答時間は，トランザクションの処理時間（経過時間）である．

　実行中のプログラムからの入力要求に対して端末から入力する場合は，プログラムが入力を処理して次のメッセージを出力するまでが応答時間である．すなわち，プログラムの一部分の処理に要する時間である．

　応答時間を比較する場合は，どのような処理に対するものかを定義する必要がある．応答時間には，入力の処理に直接要する時間のほか，ほかの利用者が同時に存在することによる資源の空き待ち時間が含まれる．

15.3　資源の利用率とスループット

　あるジョブ群をあるシステムで実行したとき，利用率が100％になる資源を**ボトルネック資源**という．例えば，図15.4に示す状況では，ファイル用のディスク装置がボトルネック資源である．ボトルネック資源によってシステムのスループットは決まる．

　システム内に多数のジョブがあり，その処理が定常状態にあるとする．ある順次使用資源がボトルネック資源であるとき，スループットは簡単に次式で計算できる．

$$\text{スループット} = \frac{\text{ボトルネック資源の容量}}{\text{ジョブ当たりのこの資源の平均使用量}} \text{〔件数/時間〕}$$

　このとき，その他の順次使用資源の利用率は次式で計算できる．

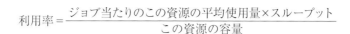

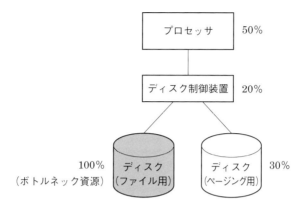

数字はそれぞれの利用率とする

図 15.4 ボトルネック資源の例

15.4 スケジューリングとジョブの経過時間および端末応答時間

1. 基本事項

　前述したように，ジョブの経過時間または端末での応答時間には，資源の空き待ち時間も含まれる．資源の空き待ち時間は，同時に存在するジョブ群の特性だけでなく，資源を割り当てるときのスケジューリングポリシー（到着順，ラウンドロビン，優先度順など）にもよっている．

　スケジューリングとは資源の分配の制御であり，資源を優先的に割り当てられるジョブは待ち時間が短くなり，経過時間が短くなる．逆に，資源割当てで優先されないジョブは待ち時間が長くなり，経過時間が長くなる．第7章の図7.7で，プロセススケジューリングアルゴリズムによりプロセス（ジョブ）実行の経過時間が変わることを示した．

　以下では，システムが定常状態にあるときの，スケジューリングとジョブの経過時間（または端末での応答時間）の関係について述

べる．

2. 平均応答時間

TSS などの対話処理において，利用者が端末で出力を得てから次に入力を入れるまでの時間を**思考時間**という．ひとりの利用者の対話処理は，思考時間，応答時間の繰返しになる（図 15.5 参照）．

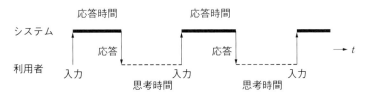

図 15.5 思考時間と応答時間

N 人の利用者がシステムを共用して対話処理を行うとき，これは有限待ち行列（利用者数が有限である待ち行列）としてモデル化することができる．この簡単なモデルを図 15.6 に示す．システム内には順次使用資源（サーバ）が 1 つあり，システム内にいる利用者（のプロセス）のうちで 1 つだけがサーバでの処理（サービス）を受け，ほかは待ち行列で待つ．処理が終わった利用者は，思考時間

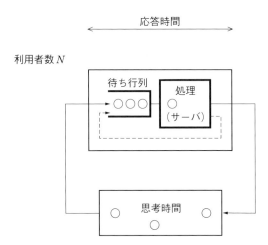

図 15.6 対話処理の有限待ち行列モデル

の後, またシステムのサービスを要求する.

このモデルにおいて, 1回の入力をサーバが処理するための平均サービス時間（待ち時間は含まない）, 利用者の平均思考時間, および平均応答時間の間には次のような関係がある[*1].

$$平均応答時間 = \frac{平均サービス時間 \times N}{サーバの利用率} - 平均思考時間$$

> *1 野口,元岡: TSSにおけるトラヒック処理の解析, 電子通信学会電子計算機研究会資料 EC67-15 (1967).
> J. P. Buzen: Fundamental Operational Laws of Computer System Performance, Acta Informatica (1976).

これは, サービス時間や思考時間がどのようにばらついているかや, システム内でどのようなスケジューリングが行われているかなどにはよらない, 便利な一般式である. 利用者数を横軸にとったグラフは図 15.7 のような傾向になる. 利用者がひとりの場合は

応答時間 ＝ サービス時間

である. 利用者数が多くなると, サーバ利用率は1になるので,

平均応答時間 ＝ 平均サービス時間 × N − 平均思考時間

となる.

なお, サービス時間や思考時間の分布が決まればサーバ利用率は決まる[*2].

> *2 分布が負の指数分布に従う場合などは, 待ち行列理論を用いて計算できる.

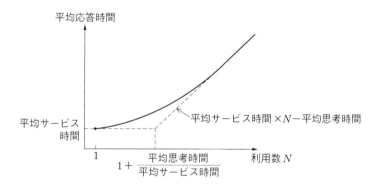

図 15.7 利用者数と平均応答時間の関係

3. 負荷の種別ごとのジョブの経過時間および端末応答時間

ジョブまたは端末入力の種別ごとに, どのようにシステム資源を割り当てるかが, スケジューリングである. 個々のジョブの経過時間, または個々の端末入力に対する応答時間は, スケジューリングの方法によって変わってくる.

第15章 オペレーティングシステムと性能

　主要なスケジューリングアルゴリズムについて，ジョブまたは端末入力の固有の実行時間（上でいうサービス時間）と，システムによってそれが処理されるのに要する時間（すなわちジョブの経過時間または端末の応答時間）の関係を図15.8に示す．なお，ここではシステムでの処理は定常状態にあり，またスケジューリング処理に要する時間（オーバヘッド）は十分小さいとする．

- 優先度順のスケジューリングの場合，最高優先度のものは待つことがないため，ジョブの経過時間はジョブの固有実行時間に等しい．
- 到着順（FCFS）の場合は，ジョブ固有のサイズに関係なく，平均的に一定時間待たされる．
- ラウンドロビンの場合，タイムスライスがくると平均的に一定

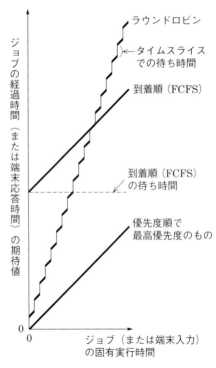

図15.8　スケジューリングアルゴリズムとジョブの経過時間（または端末応答時間）

時間待たされる．したがって，ジョブの経過時間または端末の応答時間は，固有の実行時間にほぼ比例する．固有実行時間が短いものほどジョブの経過時間または端末の応答時間が短くなり，かつそれが比例関係になる．このことより，ラウンドロビンは資源を平等に分配するアルゴリズムであるとみることができる．

15.5 スケジューリングとスループット

　スケジューリングの主たる目的は，ジョブ間または利用者間にシステム資源をどう分配するか，ということにある．そこで，例えばラウンドロビンのような場合は，頻繁にプロセスの切替えが起こるため，オペレーティングシステムのオーバヘッドが大きくなる．すなわち，スループットはその分落ちてしまう．

　スケジューリングの仕方によっては，システムのスループットも向上する．第7章で述べたように，入出力が多い（I/O バウンド）プロセスを CPU バウンドのプロセスより優先実行するダイナミックディスパッチングにより，スループットが向上する．これは，システム内にある複数の資源のそれぞれを，より効率良く利用することによっている．

15.6 オペレーティングシステムのオーバヘッド

■1. オーバヘッド

　システムの負荷にはジョブ実行の過程でオペレーティングシステムのプログラムが動いている部分も考慮する必要がある．この部分をオペレーティングシステムの**オーバヘッド**という．これには，特定のジョブのために要求された処理を行う部分と，プロセスの切替えのような全体のための処理とがある．前者の処理は，ジョブの負荷の一部として考えるべきである．

2. ページングによる入出力回数の増加

仮想メモリの場合，ページング（およびスワッピング）は補助記憶装置への入出力である．このための入出力がジョブ当たりの入出力回数にプラスされることを考慮する必要がある．この入出力は，同時にシステム内に存在するジョブの数や，それぞれの所要メモリ量に依存している．

特に，主記憶装置の容量が十分でないとき，この影響が大きい．

演習問題

問 1 シングルプログラミングの環境で，ジョブ当たりの平均プロセッサ実行時間が 100 秒，平均入出力処理時間が 200 秒，そしてジョブの経過時間が 300 秒であるとする．次のそれぞれに答えよ．
(1) プロセッサ性能を 2 倍にしたらスループットは何倍になるか．
(2) 入出力性能を 2 倍にしたらスループットは何倍になるか．

問 2 マルチプログラミング環境で，プロセッサ利用率が 50 %，入出力装置の利用率が 100 %であるとする．次のそれぞれに答えよ．なお，システム内のプログラム本数は十分多いとする．
(1) プロセッサ性能を 2 倍にしたらスループットは何倍になるか．
(2) 入出力性能を 2 倍にしたらスループットは何倍になるか．

問 3 N 人の利用者がシステムを共用して対話型でプロセッサだけを使う仕事をしており，平均思考時間と平均応答時間がともに 10 秒であり，またプロセッサの利用率は 100 %であるとする．利用者数が 2 倍になったとき，平均応答時間はどう変わるか．なお，平均プロセッサ実行時間と平均思考時間は変わらないとする．

第16章

オペレーティングシステムと標準化

　オペレーティングシステムでは，英語のアルファベットにプラスしてその地域の文字，例えば日本では日本語も取り扱える．本章ではオペレーティングシステムの日本語サポート，マルチリンガル化を目指す国際化機能サポート，およびオペレーティングシステムの仕様の標準化について学ぶ．

■16.1　オペレーティングシステムの日本語サポート

■1. 背　景

　コンピュータは英語と密接に結びついて進歩してきた．これには歴史的および技術的な理由がある．前者については，コンピュータは米国で生まれ，その後の重要なコンピュータ関連技術も米国で生まれたものが多いことによる．そこでコンピュータが扱う文字もアルファベットが中心となってきた．後者については，英語のアルファベットは文字数が記号も含めて100個弱であり，ほかの言語に比べて少ないことによる．1文字を表現するのに7ビットあればよく，1バイトに余裕をもっておさまるので，コンピュータでの処理がほかの言語に比べて楽である．
　コンピュータ本体のみならず，入出力機器もプログラミング言語

も，英語およびアルファベットをベースに進歩してきた．オペレーティングシステムは入出力機器やプログラミング言語を通して使うものであり，したがって状況は同じであった．米国製のオペレーティングシステムばかりでなく，日本でつくられたオペレーティングシステムでも，英語およびアルファベットがベースであった．

しかし，利用者の立場からは，自分が使い慣れている言語および文字をベースにコンピュータおよびオペレーティングシステムを使いたい，という当然の要求が生じる．そこで，英語ベースで構成されたオペレーティングシステムに日本語サポートを付け加える，ということが行われてきた．

オペレーティングシステムの日本語サポートは，文字コード，出力メッセージ，文字の入力方法，ユーザインタフェースなどさまざまな面にわたっている．

2. 文字コード

オペレーティングシステムも含めてコンピュータの言語サポートの基本は，文字コードのサポートにある．

ASCII：American Standard Code for Information Interchange

米国ではアルファベットの標準文字コードとして ASCII コードがある．コンピュータおよびネットワークが標準的に取り扱うコードは ASCII コードである．1 文字は 7 ビットで表される．

日本語の文字コードとして，はじめはカナ文字のコードが標準化された（現在の JIS X 0201 の片仮名）．これは 7 ビットまたは 8 ビットであり，ASCII ベースのコンピュータでも，少しの変更で出力などが行えた．その後，一般の日本語文字を包含した標準文字コードがつくられた．現在の名前は**情報交換用符号化漢字集合**（番号は **JIS X 0208**）である．これは 16 ビットコード（実際にはそのうちの 14 ビットだけ使用）である．さらに追加の漢字が補助集合（JIS X 0212）として定められている．

コンピュータでの日本語文字コードのサポートに際しては，いかに ASCII コードと混在して使えるようにするかが課題であった．そこで次のような実用の文字コードが工夫された．

① シフト **JIS**

日本のパーソナルコンピュータ用の文字コードとしてつくら

れた．ASCII コード部分は，これに相当するローマ字用の JIS 規格（JIS X 0201 のラテン文字）に従っているので，厳密には ASCII と 2 文字だけ差がある．日本語コード部分は，JIS X 0208 の文字を，X 0201 コードの部分をよけるようにして配置している．パーソナルコンピュータを中心に広く普及している（図 16.1（a））．

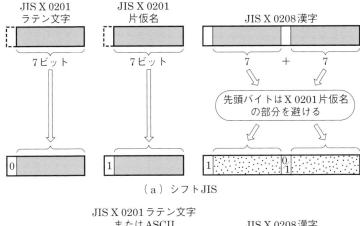

（a）シフト JIS

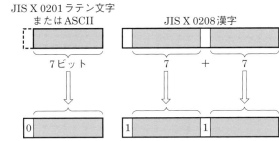

さらに JIS X 0201 片仮名，JIS X 0212 漢字補助集合も使える．（その場合はシフト符号という特別なコードを前に付ける．）
（b）EUC-JP

図 16.1　実用の文字コード

② **EUC-JP**

UNIX 用に，ASCII コードとアジア地域の文字コードとを整然と混ぜ合わせられるようにつくられたのが EUC（Extended UNIX Code）という仕組みであり，これを日本語に適用した

ものが EUC-JP である．EUC-JP では，バイトの先頭ビットが 0 のときはそのバイトのコードは ASCII（または JIS X 0201）であり，またバイトの先頭ビットが 1 のときは，相続く 2 バイトの 7+7 ビットが JIS X 0208 のコードになっている（図 16.1（b）参照）．

③ ISO-2022-JP

インターネットの電子メールで日本語を使えるようにするためにつくられた．これは ASCII コード列と JIS X 0208 コード列を途中に切替えコード（3 バイト，国際標準 ISO 2022 に準拠したもの）を入れて共存できるようにしたもので，各バイトの下 7 ビットだけを使用しているのが特徴である．

④ **ユニコード（Unicode）**

複数言語の文字を同時に処理するようなプログラムが増えてくることを考慮して，世界のできるだけ多くの言語の文字を 1 つの文字コードセットとしてまとめてしまおう，という意図でつくられた．第 2 版は 16 ビット（2 バイト）コードである．日本語については JIS X 0208 および JIS X 0212 のすべての文字が取り込まれている．先頭の 9 ビットがすべて 0 のときの下 7 ビットは ASCII に対応している．第 4 版では，さらに多くの文字を含めるために，最大 32 ビットでコード化する．Unicode は，相当するものが ISO 規格および JIS 規格にもなっている．

Windows を含む近年の OS の多くは，文字列の内部処理に Unicode を使用している．Java 言語をはじめとしたいくつかのプログラミング言語も，文字型のコードとして Unicode を使用している．またウェブページの標準文字コードも，はじめは西欧用の文字コードだったが，Unicode になった．

近年では絵文字もユニコードに取り込まれており，文字コードの標準となっている．

これらの文字コードをプログラムで取り扱うために，プログラミング言語およびオペレーティングシステムの API が拡張された．C 言語では ASCII 文字を取り扱うために 1 バイトの文字型（char 型）がある．C 言語仕様が米国標準（ANSI 規格）および国際標準（ISO 規格）になったとき，日本語を含めたアジアの諸言語を取り扱えるよう

にするためにワイドキャラクタ型（wchar_t型）が付け加えられた．

3. ユーザインタフェース

オペレーティングシステムのユーザインタフェースの日本語化は，コマンドインタフェースの場合とGUIの場合とで状況が異なる．

UNIXの日本で使われている版でも，コマンドは英語ベースのままとなっている．コマンド言語はベースとなる言語との結びつきが強いこと，アルファベットは入力が容易であること，さらにコマンドを用いる利用者は比較的専門家が多いことなどが理由であろう．ただし，出力メッセージは日本語化されていることが多い．

グラフィカルユーザインタフェース（GUI）の場合は，日本語ベースで使えるのが普通である．もともとGUIはアイコンやマウスなどを基本としたインタフェースであり，言語に関係するのは出力メッセージレベルのものであること，および一般の利用者が使うことが多いこと，などが理由であろう．

16.2 オペレーティングシステムの国際化機能

1. 背景

コンピュータのソフトウェアが世界的に流通するようになると，それが使用される国や地域ごとに，そこの言語に合わせた版（例えば日本向けなら日本語サポート版）を提供する必要がある．しかし，それらの版を別々に開発するのは，開発コストの面からもまた保守サポートの面からも問題が大きい．そこで，それらの版の間でソフトウェアの共通化を図ることが考えられた．

地域および言語に依存するような処理を（できるだけ）共通な処理として実現したプログラムを国際化プログラムという．そして，そのようなプログラムを可能にするためのオペレーティングシステムやプログラミング言語の機能を**国際化機能**という．

国際化：internationalization

国際化プログラムの積極的な利点として，複数言語を同時にサポートするプログラムが作成できる，ということがある．むしろそのようなプログラムが，真の国際化プログラムといえよう．

2. 国際化機能

　国際化プログラムの実現の原理について述べる．オペレーティングシステムやプログラミング言語が提供する機能は，応用プログラムから呼び出すインタフェースについては，地域の言語や文化によらない共通的なものとして設定する．機能が応用プログラムから呼び出されたときの実際の動作は，利用者の地域の言語や文化に従って，それぞれの処理を行うようにする．

　このために，システム内に利用者の地域の言語や文化に関する実行環境を定義しておく．これを**ロケール**と呼ぶ．システム内には英語かつ米国用，英語かつ英国用，日本用などさまざまなロケールをあらかじめ登録しておく．オペレーティングシステムやプログラミング言語が提供する機能は，現在のロケールを判定して，それに従った動作を行うようにする．応用プログラムでは，使用するロケールの設定や，またその設定を変更することができる（図 16.2）．

ロケール：locale

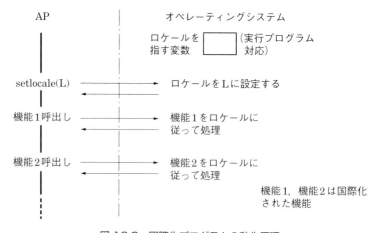

図 16.2　国際化プログラムの動作原理

　UNIX の仕様および C 言語の国際規格には，国際化機能が追加されている．ロケールの内容には次のようなものがある．
　① 文字および文字コードに関する定義
　　文字の分類（大文字・小文字の情報，文字の順序付けの情報）など．

② 時間表示形式
年月日および時間の表示の仕方(地域により異なる).
③ 金額表示形式
貨幣記号や数字の区切り方(地域により異なる).
④ メッセージ
メッセージは言語ごとに異なるため,よく使われる出力メッセージについて登録しておく.

UNIXのユーティリティプログラムやC言語の標準関数は,ロケールに依存した動作を行うように規定されている.また,応用プログラムがロケールを設定したり,切り替えたりするためにsetlocale関数が用意されている.

3. 地域化

国際化機能として標準化されている事項は限られた基本的なものだけであるので,プログラムによっては,共通化できない地域や言語に固有の処理を含める必要がある.国際化機能を利用して作成したプログラムに,国際化機能では実現できない地域や言語に固有の処理を付け加えることを,プログラムの**地域化**という.プログラムの作成は,国際化と地域化の2つのフェーズからなることになる.

地域化:
localization

オペレーティングシステムの国際化機能の実現にも,国際化と地域化の考えが適用されている.地域や言語に依存する情報はロケール情報としてオペレーティングシステムに付加される.オペレーティングシステムのプログラムはロケールに依存しない形で構成されており,ロケール情報に従って地域や言語別の処理を行う(図16.3).

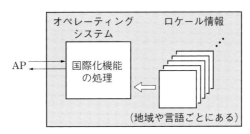

図16.3 オペレーティングシステムの国際化機能の実現

■16.3 オペレーティングシステムの仕様の標準化

■1. オペレーティングシステムの仕様の標準化とオープンシステム

　オペレーティングシステムの外部仕様，すなわちAPIやユーザインタフェースが標準化されることは，オペレーティングシステムを利用する側にとっては大きなメリットがある．オペレーティングシステムのAPIが標準化されれば，オペレーティングシステムの上で動く応用プログラムの開発者にとって，オペレーティングシステムごとに別プログラムを開発する必要がなくなる．結果として応用プログラムの普及が促進される．ユーザインタフェースが標準化されれば，利用者はオペレーティングシステムごとの使い方を覚える必要がなくなる．このように，オペレーティングシステムの仕様の標準化によって，オペレーティングシステムを利用するコミュニティの中での2重，3重の投資を抑制できる．

　オペレーティングシステムの仕様の標準化は，オペレーティングシステムを開発して提供する側にとってもメリットがある．オペレーティングシステムの仕様は，マニュアルなどの著作物の形で存在するため，開発者の知的所有権が関係する．仕様が標準化されれば，どの開発者でも，その仕様が利用できるようになる．

　標準化された，特定者の所有物ではないオープンな仕様に基づくシステムを**オープンシステム**[*1]という．その中心はオープンな仕様に基づくオペレーティングシステムである．

■2. UNIX系のオープンシステム標準

　UNIXの仕様をベースにしたオペレーティングシステムの仕様の標準化は，2つの流れで行われてきた．その1つがPOSIXである．この標準化は米国のIEEE[*2]で始められた．その後ISOに提案されて，国際標準のISO POSIXになった．

　もう1つの流れは，国際的なベンダの団体であるX/Open[*3]が行った業界標準の設定で，UNIX仕様をベースにしたオペレーティングシステムの仕様がX/Open Portability Guideという文書にまとめられた．また，オペレーティングシステムがこの仕様を満たすか

[*1] オープンシステムとは，もともと国際標準のネットワークプロトコルであるOSIに従ったシステムを指す言葉であったが，意味が拡大された．

[*2] IEEE：Institute of Electrical and Electronics Engineers，米国の電気・電子関係の学会である．

[*3] 英国に本部を置いた．

*　X/Openは米国に本部を置いたオープンシステム団体 Open Software Foundation と合併して The Open Group となった．

どうかの適合性試験も実施された．その後，UNIX そのものが開発者である AT&T ベル研究所の手を離れた後，最終的に仕様だけが（プログラムとは分離して）X/Open に委ねられた．X/Open はその後 The Open Group* となり，現在では The Open Group が UNIX 仕様を管理している．

> **UNIX は今や仕様の名前である**
>
> UNIX は AT&T ベル研究所で開発されたオペレーティングシステムの名前であったが，現在はオペレーティングシステムの仕様の名前になった．この仕様は「単一 UNIX 仕様」[8]として The Open Group が管理している．

演習問題

問1　国際化できないプログラムの例をあげよ．

問2　オープンシステム標準ではオペレーティングシステムの実装（内部のつくり）についても規定しているか．

問3　オープンシステム標準により，システム間でのオブジェクトプログラムレベルの互換性を達成できるか．また，ソースプログラムレベルの互換性はどうか．

演習問題略解

■第1章 オペレーティングシステムの役割

問1 パーソナルコンピュータは，利用者がネットワークにアクセスするためのマシン（クライアントマシン）としての役割をもつようになった．

問2 大型コンピュータは，多くのクライアントにサービスを提供する大型サーバとしての役割をもつ．

問3 （その機器用の）応用プログラムを開発しやすくするため．

■第2章 オペレーティングシステムのユーザインタフェース

問1 GUIの場合は，アイコンやメニューなど利用者の入力を促す情報が画面に表示されるため，細部には差があっても利用者は使える．

問2 コマンド言語の場合は，利用者の側からコマンドを入力しなければならない．細部が違えば正しいコマンドを入力できない．

問3 複数コマンドをまとめて，シェルスクリプトとして実行する，という使い方など，コマンドが言語であることの利点を利用している．

■第3章 オペレーティングシステムのプログラミングインタフェース

問1 ・歴史的．これまでのプログラミング言語の機能は演算中心．
 ・プログラミング言語のオペレーティングシステムやコンピュータからの独立性．特定のオペレーティングシステムに依存した機能は入れたくない．

問2 システムコール関数の中で，カーネル呼出し命令が実行される．

問3 Java APIには入出力機能やネットワーク機能のほかに，スレッド機能，イベント機能などが含まれている．

■第4章 オペレーティングシステムの構成

問1 コマンドインタプリタは端末入出力を伴うので,その間カーネルが動かないと,システムが止まってしまう.

問2 アドレス変換例外(ページフォールト)の割込みが起こらないようにするため.ページフォールトが起こって,ページインしている間にほかの処理が動くと,カーネル処理の一貫性が失われる.

問3 実時間性の要求がきびしい機器を制御する場合など.カーネル処理に優先度をつけ,優先度の低いカーネル処理中により優先度の高い処理の割込みが来たときは,前者の処理を中断して後者を先に処理する.

■第5章 入出力の制御

問1 入出力の完了をチェックするための別のシステムコールを用意する.まだ入出力が完了していなかった場合に,すぐに要求元に戻るオプションと,完了するまで待つオプションとがあるとよい.

問2 入出力装置ごと.入出力指令.

問3 入出力のクローズ(C言語規格の標準ライブラリではfclose)時にブロック内にあるデータを出力する.また,C言語規格の標準ライブラリには,ストリーム内の未書出しのデータを強制的に出力するfflush関数がある.

問4 解図1参照.

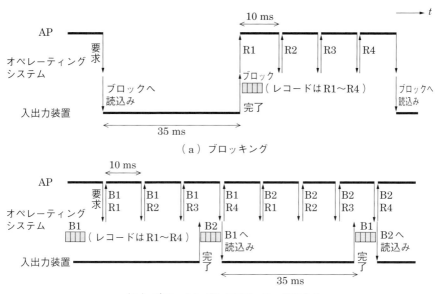

解図1　ブロッキングと2面バッファ

問5　キャッシュが一杯になったとき，次のデータを入れるために，最も長期間アクセスがないデータをキャッシュから消す．

第6章　ファイルの管理

問1　ファイルが，ひとまとまりの情報の単位として，コンピュータシステムからも独立して，保存や交換の単位となっている．

問2　メモリサイズが大きくなったので，小規模データはメモリ内に読み込んでから処理すればよい．大規模データはデータベースとして，データベース管理システムが扱うようになった．

問3　ファイルスペースの割当て方式から，ディスクアクセスの性能が悪い．また，バッファキャッシュのため，システムダウン時にデータが保全されない，という信頼性上の問題がある．

問4　情報の整理と，保護および共用のため．

■第7章　プロセスとその管理

問1　プログラムのデータ部分はプロセスごとの領域にとる．書き換えられないデータはプログラムと同一領域でよい．

問2　（1）レディキューの最後
　　　　（2）レディキューの先頭

問3　すべてのプロセスの実行完了が遅れる．

問4　シングルプロセッサ用のオペレーティングシステムでも，割込みやページフォールトで実行が切り替わる部分は，論理的には並列に動く構造になっている．

■第8章　多重プロセス

問1　解答例：あるクライアントからの要求の処理の過程でプロセスが入出力待ちになったときに，別のクライアントからの要求が発生したとする．単一プロセスでは，たとえプロセッサが空いていても後者の要求をすぐに処理できない．

問2　プロセスが使用中フラグを読み出し，これを判定して，未使用状態ならこれを使用中にする，という処理の間にプロセスの切替えが起こり得るため．

問3　（1）write-write-write-read-write-read-write-read-write-read-read-read
　　　　（2）read-writeが6回繰り返される

問4　プロセス3のロックの順番を逆にする．

問5　解図2参照．

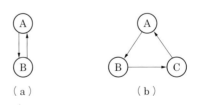

解図2　ロック中のロックのグラフ

演習問題略解

■第9章　メモリの管理

問1　メモリの解放忘れの結果，しだいにごみがたまっていき，メモリ領域が満杯になる（そしてプロセスは異常終了）．間違えた領域を解放すると，その領域がふたたび別目的で割り当てられ，メモリ領域の二重使用になる．

問2　プログラム実行のためのスタック領域およびプログラムのローカル変数のための領域を，スレッドごとに割り当てる必要がある．

問3　メモリ領域の動的な確保・解放機能で1回に要求されるメモリ領域のサイズは，通常ページサイズよりずっと小さいため．

問4　カーネル用のメモリの動的割当て機能が必要である．カーネル内に動的割当て用の領域をあらかじめ確保しておき，そこから割り当てる．

■第10章　仮想メモリ

問1　仮想メモリにより，ソフトウェアの体系に影響を与えることなく主記憶装置の技術が進歩することが可能である．したがって，仮想メモリは今後も必要である．

問2　それぞれの空間のアドレス変換表で，同一の実ページを指すようにする．

問3　5ビットが表す数が最も小さいもの．

問4　主記憶装置を使っているアドレス空間のうちのどれかを選んでスワップアウトすることによりページ要求の負荷を下げる．なおこのスワップアウトは，グローバルポリシーのもとにおいてもある．

■第11章　仮想化

問1　ハードウェアを仮想化することにより応用プログラムやオペレーティングシステムの性能が低下する．また，仮想マシン間の隔離は実際のコンピュータ間よりは弱くなる．

問2　仮想プロセッサ用のスケジューリングアルゴリズムではないため，仮想プロセッサへの実プロセッサの割当てを細かく制御するのが難しい．

問3　ゲストページテーブルの1段目のセグメント表を引くのに，ホス

233

トページテーブルのセグメント表とページ表を引く必要がある．ゲストページテーブルの2段目のページ表を引くときも同様．よって，ホスト物理メモリへのアクセスは合計4回必要．

問4 仮想マシンに指定されたメモリのゲスト物理アドレスを実デバイスが用いるホスト物理アドレスに変換する必要がある．

第12章 ネットワークの制御

問1 IP (Internet Protocol) を含めそれから上位．

問2 ともに1次元のバイト列（バイトストリーム）であり，データの現在位置は先頭から何バイト目かで示す．

問3 解図3参照．

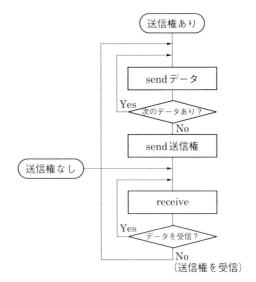

片側は（送信権あり）から開始し，
別の側は（送信権なし）から開始する．
データの処理は省略．

解図3　半二重によるピアツーピア通信

問4 例を解図4に示す．要求を受け取るたびに新たにスレッドを生成する方法もあるが，オーバヘッドが大きくなる．

解図4　多重スレッドのサーバプログラム

（図：サーバプログラム。スレッド0がreceiveし、空きスレッドを起動。スレッド1、スレッド2…が待ち→要求を処理→sendを行う。要求が来たら，それを処理するスレッドを要求ごとに起動する．）

■第13章　セキュリティと信頼性

問1　メモリ内容をゼロクリアしてから割り当てる（残存情報の漏洩防止のため）．

問2　オペレーティングシステムのデータ領域にある他プロセスや他利用者に関するデータが見えてしまう．認証処理中に一時的にパスワードが置かれることもありうる．

問3　利用者が秘密鍵で暗号化したメッセージ（署名したメッセージ）をシステムに送り，それが利用者の公開鍵で復号できれば，正しい利用者であることがわかる．なお，送信されるデータを盗聴して再利用する，という攻撃を防ぐために，メッセージとして1回かぎりのランダムなデータをシステムが生成して利用者に送る，などの方法をとる．

■第14章　システムの運用管理

問1　課金情報はジョブごとの情報．使用統計情報はシステム全体についての情報．

問2　コンピュータシステムは利用されることに意味があるので，管理の部門ではなくサービス部門として機能するようにする．

■第15章　オペレーティングシステムと性能

問1 (1) $(100+200)/(50+200) = 1.2$ 倍
　　　 (2) $(100+200)/(100+100) = 1.5$ 倍
問2 (1) 1 倍
　　　 (2) 2 倍
問3 平均応答時間は 30 秒になる．

■第16章　オペレーティングシステムと標準化

問1 言語または文化に固有の処理ロジックにする必要がある場合．例えば，書かれた文章を読み上げるプログラム．
問2 規定しているのは利用者および応用プログラムとオペレーティングシステムとの間のインタフェースの仕様であり，実装はベンダに任される．
問3 ハードウェアについては規定していないため，オブジェクトプログラムレベルの互換性は対象外．また，前提となる C 言語標準は数値の長さなどが実装依存であり，ソースプログラムレベルの互換性も難しい（3.4 節参照）．オープンシステム標準は応用プログラムの移植性を高めるのが実際の狙いである．

参考文献

1) キャメロン・ニューハム，ビル・ローゼンブラット著（株式会社クイープ訳）：入門 bash 第3版，オライリージャパン（2005）
2) The Open Group：The Single UNIX Specification, Version 4（2016）
3) M. J. Bach（坂本文，多田好克，村井純訳）：UNIX カーネルの設計，共立出版（1991）
4) A. S. タネンバウム，A. S. ウットハル（千輝順子訳，今泉貴史監修）：オペレーティングシステム—設計と理論および MINIX による実装，プレンティスホール（現 ピアソン・エデュケーション）（1998）
5) S. J. Leffler, M. K. McKusick, M. J. Karels, J. S. Quarterman（中村明，相田仁，計宇生，小池汎平訳）：UNIX 4.3BSD の設計と実装，丸善（1991）
6) アンドリュー・S・タネンバウム（水野忠則，太田剛，最所圭三，福田晃，吉澤康文訳）：モダンオペレーティングシステム，原著第2版，ピアソン・エデュケーション（2004）
7) 野口健一郎：ネットワーク利用の基礎［新訂版］——インターネットを理解するために——，サイエンス社（2005）
8) INTERNATIONAL STANDRAD ISO/IEC 9899：2011 Programming languages-C, Second edition
9) Abraham Silberschatz, Peter Baer Galvin, Greg Gagne 著（土居範久監訳，大谷真，加藤和彦，光来健一，清水謙多郎，高田眞吾，高田宏章，千葉滋，野口健一郎訳）：オペレーティングシステムの概念，共立出版（2010）

索　引

ア　行

アイコン　23
アカウント名　191
空き領域　126
アクセス許可モード　190
アクセスの競合　107
アクセス法　73
アドレス空間　120
アドレス変換　135, 140
アドレス変換機構　140
アドレス変換表　135, 140
アドレス変換例外割込み
　45, 136, 142
アプリケーションプログラミングインタ
　フェース　8, 32
暗号化　194
安全性　183

移植性　42
一時的ファイル　69
一括処理　11
インクリメンタルバックアップ　204
インターネット　15, 167, 170
インタフェース　7
インタフェース定義言語　177

ウイルス　193
ウィンドウ　23
運　用　197
運用管理　197

運用管理責任者　198
運用管理担当者　198

エクステント　82
エミュレーション　156
遠隔手続き呼出し　168, 175
遠隔メソッド　177
演算例外割込み　45

応　答　175
応答時間　13, 212
応用プログラム　3, 32
オーバコミット　154, 162
オーバヘッド　95, 217
オーバレイセグメント　130
オーバレイ方式　130
オブジェクト　23
オブジェクトプログラム互換　41
オープンシステム　226
オペレータ　11, 21, 22
オペレーティングシステム　2
親プロセス　103
オンライン処理　12
オンライン処理プログラム　12

カ　行

階層構造　74
外部記憶装置　69
外部割込み　44
開放型システム間相互接続　170

239

索引

書込み許可　　*190*
書込み保護　　*186*
課　金　　*201*
課金情報　　*201*
仮想アドレス　　*134*
仮想アドレス空間　　*134*
仮想記憶　　*134*
仮想記憶装置　　*134*
仮想空間　　*134*
仮想空間の壁による保護　　*187*
仮想デバイス　　*163*
仮想プロセッサ　　*154*
仮想マシン　　*87, 151*
仮想マシンモニタ　　*152*
仮想メモリ　　*134*
仮想割込み　　*164*
カーソル　　*23*
カタログ　　*80*
稼働管理　　*199*
カーネル　　*33, 47*
カーネル構成　　*50*
カーネル出口　　*48, 93*
カーネルモード　　*44*
カーネル呼出し命令　　*33, 47*
カーネル呼出し割込み　　*44*
可用性　　*185*
カレントディレクトリ　　*76*
完全修飾名　　*77*
完全性　　*185*

記憶媒体　　*56, 70*
記憶保護　　*185*
記憶保護機構　　*45, 186*
木構造　　*75*
キャッシュ　　*66*
キャッシング　　*66*
共通オブジェクトリクエストブローカアーキテクチャ　　*177*
共通鍵暗号方式　　*194*

空間資源　　*210*
クライアント　　*174*
クライアント・サーバ方式　　*175*
クライアントプログラム　　*174*
グラフィカルユーザインタフェース　　*8, 22*
クリティカルセクション　　*107*
グローバルポリシー　　*147*
グローバルLRU　　*147*

軽量プロセス　　*98*
ゲストオペレーティングシステム　　*151*
ゲスト仮想アドレス　　*158*
ゲスト仮想メモリ　　*158*
ゲスト物理アドレス　　*158*
ゲスト物理メモリ　　*158*
ゲストページテーブル　　*158*
ゲストモード　　*157*

公開鍵　　*195*
公開鍵暗号方式　　*194*
構成管理　　*199, 202*
互換性　　*40, 41*
国際化機能　　*223*
国際化プログラム　　*223*
子プロセス　　*103*
コマンド　　*8, 26*
コマンドインタプリタ　　*53*
コマンド言語　　*26*
コマンドプロセッサ　　*53*
ごみ集め　　*125*
コンピュータウイルス　　*193*

サ　行

再配置可能形式　　*121*
再配置レジスタ　　*122*
再配置ローダ　　*121*
作業ディレクトリ　　*76*

索　引

先読み　　　63
索引順編成　　　72
サスペンド・レジューム　　　153
サーチ時間　　　59
サーバ　　　174
サーバ統合　　　153
サーバプログラム　　　174
サービスプログラム　　　53
サブディレクトリ　　　74
参照許可モード　　　189
参照ビット　　　145

シェル　　　27, 53
シェルスクリプト　　　28
磁気ディスク装置　　　59
シーク　　　72
シーク時間　　　59
資　源　　　9, 208
資源管理　　　9
資源使用量の制限　　　202
資源の利用率　　　210
思考時間　　　214
事　象　　　45, 105, 112
事象の連絡機能　　　105, 112
事象待ち状態　　　90
辞書法　　　192
システム管理者　　　22, 200
システムコール　　　35, 37
システムコール関数　　　35, 37
システムの容量　　　208
システムバス　　　56
システムプログラミング　　　32
システムプロセス　　　54
システム利用ログ　　　202
実アドレス　　　134
実記憶装置　　　134
実行許可　　　190
実行時間最短のものから　　　94
実行中状態　　　90
実行中プロセスポインタ　　　92

実行保護　　　186
実行モード　　　33, 43, 187
実時間処理　　　12
実メモリ　　　135
自動運転　　　196
シフトJIS　　　220
時分割処理　　　12
シャドウページテーブル　　　159
シャドウページング　　　159
主記憶装置　　　54, 120
主メモリ　　　120
準仮想化オペレーティングシステム
　　　157
準仮想化ドライバ　　　164
準仮想化ページング　　　160
準仮想化ページテーブル　　　160
順次使用資源　　　210
順編成　　　71
障害管理　　　199, 203
使用統計　　　203
情報交換用符号化漢字集合　　　220
情報の共用　　　5
ジョブ　　　11, 209
ジョブ制御言語　　　11
ジョブの経過時間　　　210
ジョブの性能特性　　　209
処理の流れ　　　86
シリアルアクセス記憶装置　　　71
シリンダ　　　59
信頼性　　　185

スクロールバー　　　24
スケジューリング　　　213
スケジューリングアルゴリズム　　　94
スケジューリングポリシー　　　208, 213
スタック領域　　　123
スタブ　　　176
ストリーム　　　36
スーパバイザ　　　47
スーパバイザモード　　　44

スーパバイザ呼出し命令　35
スーパユーザ　200
スプール　11
スラッシング　149
スループット　210
スレッド　98
スレーブモード　44
スワッピング　131
スワップアウト　131, 148
スワップイン　131, 148

制御の流れ　86
制御プログラム　11
性　能　207
性能管理　199
セキュリティ　185
セキュリティ管理　199
セキュリティの穴　185
セクタ　59
セグメント　142
セグメント表　142
絶対パス名　77
セマフォ　110
センシティブ命令　156

相対パス名　77
ソケット機能　172
ソースプログラム互換　41
ソフトフェア資源　9
存在ビット　142

タ　行

ダイアログボックス　24
対称型マルチプロセッサ　98
タイトル　24
ダイナミックディスパッチング
　95, 217
タイマ割込み　44
タイムシェアリングシステム　12

タイムスライス　13, 95
対話型処理　13
多重アドレス空間　137
多重仮想記憶装置　137
多重仮想メモリ　137
多重スレッド　101
多重タスク　89
多重プログラミング　47
多重プロセス　101
多重ユーザ　88
タスク　86
多段のアドレス変換表　142
多段フィードバックキュー　96
多面バッファ方式　65
単一タスク　88
単一ユーザ　88
単一 UNIX 仕様　39, 227
単純名　76
断片化　127

地域化　225
遅延書出し　66
チャネル　57
直接編成　72
直接メモリアクセス方式　56

通　信　168
通信インタフェース　9
通信制御機能　168

ディスクキャッシュ　57
ディスク装置　59
ディレクトリ　74
テキストエディタ　53
デスクトップ　23
データ管理　83
データ転送時間　59
データ転送速度　209
デッドロック　116
デバイスエミュレータ　163

デバイスドライバ　　60
デバイスパススルー　　165
テーブルベースレジスタ　　140
デマンドページング　　148
デーモン　　54

同期機能　　105
同期式　　61
到着順　　94, 216
動的割当て領域　　123
特権命令　　44
特権モード　　33, 44
トラック　　59
トランザクション　　207
トランスポートサービス　　168
トランスポートサービスインタフェース　　171
取外し可能媒体　　70
取外し不可能媒体　　70
ドロップダウンメニュー　　24

ナ 行

内部断片化　　130
内部割込み　　44

二次記憶装置　　55
二重化システム　　195
入出力エラー回復　　195
入出力完了処理　　49, 61
入出力機構　　45
入出力起動処理　　47, 61
入出力コマンド　　57
入出力指令　　57
入出力制御　　60
入出力制御装置　　56
入出力装置　　55
入出力チャネル　　57
入出力の効率化　　62
入出力バス　　56

入出力プロセッサ　　57
入出力命令　　57
入出力要求　　60
入出力割込み　　44, 61
認証　　191

ネステッドページング　　161
ネットワーク　　167
ネットワークアーキテクチャ　　170
ネットワーク管理　　199
ネットワークセキュリティ　　192
ネットワークOS　　168, 169

ハ 行

排他制御機能　　105
バイナリ変換　　157
ハイパーコール　　157
ハイパーバイザ　　152
パイプ　　28, 116
パケット　　171
バス　　56
パス名　　77
パスワード　　191
パーソナルコンピュータ　　5, 14
バックグラウンドジョブ　　29
バッチジョブ　　11
バッチ処理　　11
バッファ　　64
バッファキャッシュ　　66
バッファプール　　65
バッファリング　　64
ハードウェア資源　　9
ハードウェア障害ログ　　203
ハードディスク　　59
バルーンドライバ　　162
番地空間　　120

ピアツーピア通信方式　　174
ビットマップ方式　　126

索　引

ビットマップ方式のディスプレイ装置　22
非同期式　61
非特権モード　44
ヒープ　123
秘密鍵　195
標準化　226
標準出力　27
標準入力　27
標準ライブラリ　35

ファイル　69
ファイル拡張子　70
ファイル管理　47, 60, 83
ファイルサーバ　168
ファイルシステム　76
ファイルシステムのバックアップ　195, 204
ファイル転送　179
ファイルの共用　190
ファイルの操作　73
ファイル編成　71
ファイルポインタ　72
ファイル保護　189
ファイル名　70
フォルダ　74
フォルダウィンドウ　23
負荷　209
不正アクセス　193
不正プログラム　193
プリページング　148
プリントサーバ　168
フルバックアップ　204
プログラミングインタフェース　8, 31
プロセス　48, 86
プロセス間通信機能　105, 115
プロセス記述子　89
プロセススケジューラ　91
プロセススケジューリング　94

プロセススケジューリングアルゴリズム　94
プロセスの消滅　103
プロセスの生成　103
プロセスファミリ　103
プロセッサバウンド　95
プロセッサ待ち状態　90
ブロッキング　63
ブロック　63
ブロック化　63
ブロック長　67
プロトコル　8, 169
プロブレムモード　44
分散アプリケーション　169
分散オブジェクト技術　177
分散オペレーティングシステム　169, 180
分散コンポーネントオブジェクトモデル　178
分散ファイルシステム　180

平均応答時間　214
ページ　129, 135
ページアウト　145
ページイン　143
ページ置換えアルゴリズム　146
ページ化　129, 135
ページ表　142
ページフォールト　142
ページフォールト率　149
ページ例外　142
ページング　145
ベースレジスタ　122
変換ルックアサイドバッファ　142
変更ビット　145
ベンチマークジョブ　209

ポインティング装置　23
保護ビット　186
保護モード　186

補助記憶装置　　55, 136
ホスト　　171
ホストオペレーティングシステム
　153
ホスト物理アドレス　　158
ホスト物理メモリ　　158
ホストページテーブル　　161
ホストモード　　157
母線　　56
ボタン　　24
ポート　　172
ボトルネック資源　　212
ホームディレクトリ　　76
ボリューム　　78
ボリューム目次　　80
ボリュームラベル　　80
ポーリング　　112
ボーンシェル　　28

マ 行

マイグレーション　　153
マイクロカーネル　　51
マウス　　23
マウント　　78
マスタモード　　44
待ちキュー　　61, 92
待ち状態　　90
マルチプログラミング　　47
マルチプログラミングアルゴリズム
　147
マルチプロセッサ　　98
マルチプロセッサ機構　　45

見かけと感じ　　30
密結合マルチプロセッサ　　98
ミドルウェア　　168, 177
ミラーディスク　　195

メインフレーム　　17, 22

メインフレーム用オペレーティングシステム（メインフレームOS）　　17, 72
メインメモリ　　120
メニュー　　24
メモリ　　119
メモリ管理　　137
メモリ機構　　45
メモリ共用　　187
メモリ参照の局所性　　145
メモリ写像ファイル　　73
メモリスケジューラ　　145
メモリスケジューリング　　145
メモリスケジューリングアルゴリズム
　145
メモリダンプ　　205
メモリの詰め直し　　129
メモリバルーニング　　162
メモリ領域の解放　　124
メモリ領域の確保　　124
メモリ領域の割当て　　126

文字コード　　220
モニタ　　11, 110

ヤ 行

有限待ち行列　　214
優先度　　95
優先度順　　95, 216
ユーザインタフェース　　8, 21
ユーザプログラム　　47
ユーザモード　　33, 44
ユーティリティプログラム　　53
ユニコード　　222

要求　　175
容量　　208
横取り可能なカーネル　　54
読出し許可　　189
読出し保護　　186

ラ 行

ライトスルー　　*66*
ライブラリ　　*54*
ライブラリ関数　　*37*
ラウンドロビン　　*95, 216*
ランダムアクセス記憶装置　　*72*

リスト方式　　*126*
リソース　　*9*
リダイレクション　　*28*
利用形態　　*10*
利用者　　*4, 21, 200*
利用者管理　　*199, 200*
利用者グループ　　*200*
利用者登録　　*200*
利用者 ID　　*191*
利用率　　*210*
リンカ　　*121*
リングバッファ　　*164*
リング保護　　*188*

ルート　　*189, 200*
ルートセグメント　　*130*
ルートディレクトリ　　*76*
ルートパスワード　　*192*

レコード　　*63, 71*
レディキュー　　*92*
レディ状態　　*90*

ローカルエリアネットワーク　　*167*
ローカルポリシー　　*147*
ロケール　　*224*
ローダ　　*121*
ロック　　*109*
論理アドレス　　*134*
論理アドレス空間　　*137*
論理的なマシン　　*6*

ワ 行

ワイルドカード文字　　*29*
ワーキングセット　　*148*
ワーキングセット法　　*148*
ワクチンプログラム　　*194*
割込み　　*44*
割込み機構　　*44*
割込み禁止状態　　*45*
割込み禁止モード　　*45*
割込み処理　　*47, 52*
割込みマスク状態　　*45*
割出し　　*45*

英数字

accept　　*174*
ANSI　　*35*
API　　*8, 32*
ASCII コード　　*220*

best-fit　　*127*
bind　　*172*
brk　　*125*
BSD　　*67, 80, 170*

C 言語　　*35*
C シェル　　*28*
C ライブラリ　　*35, 37*
chmod　　*190*
close　　*73, 174*
connect　　*174*
copy and paste　　*24*
CORBA　　*177*
CPU スケジューリング　　*94*
CPU バウンド　　*95*
CTSS　　*18*
cut and paste　　*24*

DCE　　*177*

索引

DCOM　　*178*
DFS　　*181*
DMA方式　　*56*
drag and drop　　*24*

EUC　　*221*
EUC-JP　　*221*
exec　　*105*
exit　　*105*

FCFS　　*94, 216*
first-fit　　*127*
fork　　*104*
free　　*124*
FTP　　*179*
ftp　　*179*

GUI　　*8, 22*

iノード　　*80*
iノードリスト　　*80*
IDL　　*177*
I/Oバウンド　　*95*
IOCS　　*59*
IP　　*170*
IPC機能　　*115*
ISO　　*35*
ISO-2022-JP　　*222*

Java遠隔メソッド呼出し　　*178*
Java言語　　*42, 222*
Javaの同期機能　　*114*
JIS X 0201の片仮名　　*220*
JIS X 0201のラテン文字　　*221*
JIS X 0208　　*220*
JIS X 0212　　*220*

LAN　　*167*
Linux　　*15*
listen　　*174*

lock　　*109*
look & feel　　*30*
LRU法　　*147*

Mach　　*51*
Mac OS　　*17, 25*
malloc　　*124*
MIPS　　*208*
MS-DOS　　*16, 29, 78*
MS-DOSコマンド　　*29*
Multics　　*18*

NFS　　*176, 179*

OMG　　*177*
open　　*73*
OS　　*2*
OSマクロ　　*35*
OSF　　*51, 176*
OSF/1　　*51*
OSI　　*170*
OS/360　　*17, 18*
OS/390　　*17*

pipe　　*116*
POSIX　　*41, 226*

quota　　*202*

read　　*47, 73*
recv　　*174*
RMI　　*178*
RPC　　*175*

SATA　　*57*
SCSI　　*57*
send　　*174*
setlocale　　*225*
sleepルーチン　　*90, 92*
socket　　*172*

247

索　引

SPOOL　　　*11*
ssh　　　*179, 193*

tc シェル　　　*28*
TCP　　　*170*
TCP/IP　　　*170*
TELNET　　　*179*
telnet　　　*179*
The Open Group　　　*15, 227*
TSS　　　*13*
TSS コマンド　　　*13*

UDP　　　*170*
Unicode　　　*222*
UNIX　　　*15, 104, 123, 125, 190, 191, 200, 227*
UNIX コマンド　　　*26*
UNIX のカーネル構成　　　*50*
UNIX のシステムインタフェース　　　*37*
UNIX のディレクトリ構成　　　*77*
UNIX のファイルスペースの割当て　　　*80*
UNIX のファイルの編成　　　*72*
unlock　　　*109*

VM　　　*151*
VMM　　　*152*
VTOC　　　*80*

wait　　　*105*
wakeup ルーチン　　　*90, 93*
wchar_t 型　　　*222*
Windows　　　*16, 25, 39, 74, 169*
Windows NT　　　*16, 25, 52*
Win 32 API　　　*39*
worst-fit　　　*127*
write　　　*73*

X Consortium　　　*25*
X/Open　　　*226*
X Window System　　　*25*

z/OS　　　*18*

1 面バッファ方式　　　*64*
2 面バッファ方式　　　*65*
50% ルール　　　*127*

〈著者略歴〉

野口健一郎(のぐち　けんいちろう)
1965 年　東京大学工学部電子工学科卒業
1970 年　東京大学大学院工学系研究科電子工学専門課程
　　　　博士課程修了
　　　　工学博士
　　　　株式会社日立製作所入社
1997 年　神奈川大学理学部情報科学科教授
現　在　神奈川大学名誉教授

光来健一(こうらい　けんいち)
1997 年　東京大学理学部情報科学科卒業
2002 年　東京大学大学院理学系研究科情報
　　　　科学専攻
　　　　博士課程修了
　　　　博士（理学）
現　在　九州工業大学大学院情報工学研究
　　　　院情報・通信工学研究系教授

品川高廣(しながわ　たかひろ)
1998 年　東京大学工学部電子工学科卒業
2003 年　東京大学大学院理学系研究科情報
　　　　科学専攻
　　　　博士課程修了
　　　　博士（理学）
現　在　東京大学情報基盤センター准教授

- 本書の内容に関する質問は，オーム社ホームページの「サポート」から，「お問合せ」の「書籍に関するお問合せ」をご参照いただくか，または書状にてオーム社編集局宛にお願いします．お受けできる質問は本書で紹介した内容に限らせていただきます．なお，電話での質問にはお答えできませんので，あらかじめご了承ください．
- 万一，落丁・乱丁の場合は，送料当社負担でお取替えいたします．当社販売課宛にお送りください．
- 本書の一部の複写複製を希望される場合は，本書扉裏を参照してください．

IT Text
オペレーティングシステム（改訂 2 版）

2002 年 9 月 5 日　　第 1 版第 1 刷発行
2018 年 1 月 25 日　　改訂 2 版第 1 刷発行
2025 年 1 月 20 日　　改訂 2 版第 8 刷発行

著　　者　野口健一郎・光来健一・品川高廣
発行者　村上和夫
発行所　株式会社オーム社
　　　　郵便番号　101-8460
　　　　東京都千代田区神田錦町 3-1
　　　　電話　03(3233)0641（代表）
　　　　URL　https://www.ohmsha.co.jp/
© 野口健一郎・光来健一・品川高廣 2018

印刷　美研プリンティング　製本　協栄製本
ISBN978-4-274-22156-9　Printed in Japan

ITText シリーズ　　　　　　　　　　　　　　　　情報処理学会 編集

IT Text 一般教育シリーズ
高等学校における情報教育履修後の一般教育課程の「情報」教科書

一般情報教育
情報処理学会一般情報教育委員会　編／稲垣知宏・上繁義史・北上 始・佐々木整・高橋尚子・中鉢直宏・徳野淳子・中西通雄・堀江郁美・水野一徳・山際 基・山下和之・湯瀬裕昭・和田 勉・渡邉真也　共著
■ A5判・266頁・本体2200円【税別】

■ 主要目次
- 第1部　情報リテラシー
  情報とコミュニケーション／情報倫理／社会と情報システム／情報ネットワーク
- 第2部　コンピュータとネットワーク
  情報セキュリティ／情報のデジタル化／コンピューティングの要素と構成／アルゴリズムとプログラミング
- 第3部　データサイエンスの基礎
  データベースとデータモデリング／モデル化とシミュレーション／データ科学と人工知能（AI）

コンピュータグラフィックスの基礎
宮崎大輔・床井浩平・結城 修・吉田典正　共著　■ A5判・292頁・本体3200円【税別】

■ 主要目次
コンピュータグラフィックスの概要／座標変換／3次元図形処理／3次元形状表現／自由曲線・自由曲面／質感付加／反射モデル／照明計算／レイトレーシング／アニメーション／付録

コンピュータアーキテクチャ（改訂2版）
小柳 滋・内田啓一郎　共著　■ A5判・256頁・本体2900円【税別】

■ 主要目次
概要／命令セットアーキテクチャ／メモリアーキテクチャ／入出力アーキテクチャ／プロセッサアーキテクチャ／パイプラインアーキテクチャ／命令レベル並列アーキテクチャ／並列処理アーキテクチャ

データベースの基礎
吉川正俊　著　■ A5判・288頁・本体2900円【税別】

■ 主要目次
データベースの概念／関係データベース／関係代数／SQL／概念スキーマ設計／意思決定支援のためのデータベース／データの格納と問合せ処理／トランザクション／演習問題略解

オペレーティングシステム（改訂2版）
野口健一郎・光来健一・品川高廣　共著　■ A5判・256頁・本体2800円【税別】

■ 主要目次
オペレーティングシステムの役割／オペレーティングシステムのユーザインタフェース／オペレーティングシステムのプログラミングインタフェース／オペレーティングシステムの構成／入出力の制御／ファイルの管理／プロセスとその管理／多重プロセス／メモリの管理／仮想メモリ／仮想化／ネットワークの制御／セキュリティと信頼性／システムの運用管理／オペレーティングシステムと性能／オペレーティングシステムと標準化

ネットワークセキュリティ
菊池浩明・上原哲太郎　共著　■ A5判・206頁・本体2800円【税別】

■ 主要目次
情報システムとサイバーセキュリティ／ファイアウォール／マルウェア／共通鍵暗号／公開鍵暗号／認証技術／PKIとSSL/TLS／電子メールセキュリティ／Webセキュリティ／コンテンツ保護とFintech／プライバシー保護技術

もっと詳しい情報をお届けできます。
※書店に商品がない場合または直接ご注文の場合は右記宛にご連絡ください。

ホームページ　https://www.ohmsha.co.jp/
TEL/FAX　TEL.03-3233-0643　FAX.03-3233-3440

（本体価格は変更される場合があります）

ITTextシリーズ　情報処理学会 編集

ソフトウェア工学
平山雅之・鵜林尚靖　共著　■ A5判・214頁・本体2600円【税別】
■ 主要目次
ソフトウェアシステム／ソフトウェア開発の流れ／ソフトウェアシステムの構成／要求分析と要件定義／システム設計／ソフトウェア設計 -設計の概念／ソフトウェア設計 -全体構造の設計／ソフトウェア設計 -構成要素の設計／プログラムの設計と実装／ソフトウェアシステムの検証と動作確認／開発管理と開発環境

応用Web技術（改訂2版）
松下 温　監修／市村 哲・宇田隆哉　共著　■ A5判・192頁・本体2500円【税別】
■ 主要目次
Webアプリケーション概要／サーバサイドで作る動的Webページ／データ管理とWebサービス／セキュリティと安全／マルチメディアストリーミング

基礎Web技術（改訂2版）
松下 温　監修／市村 哲・宇田隆哉・伊藤雅仁　共著　■ A5判・196頁・本体2500円【税別】
■ 主要目次
Web／HTML／CGI／JavaScript／XML

画像工学
堀越 力・森本正志・三浦康之・澤野弘明　共著　■ A5判・232頁・本体2800円【税別】
■ 主要目次
視覚と画像／デジタル画像／ノイズ除去／エッジ処理／二値画像処理／画像の空間周波数解析／特徴抽出／画像の幾何変換／動画像処理／3次元画像処理／画像処理の具体的応用／付録 OpenCVの使い方

人工知能（改訂2版）
本位田真一　監修／松本一教・宮原哲浩・永井保夫・市瀬龍太郎　共著　■ A5判・244頁・本体2800円【税別】
■ 主要目次
人工知能の歴史と今後／探索による問題解決／知識表現と推論の基礎／知識表現と利用の応用技術／機械学習とデータマイニング／知識モデリングと知識流通／Web上で活躍するこれからのAI／社会で活躍するこれからのAIとツール

音声認識システム（改訂2版）
河原達也　編著　■ A5判・208頁・本体3500円【税別】
■ 主要目次
音声認識の概要／音声特徴量の抽出／HMMによる音響モデル／ディープニューラルネットワーク（DNN）によるモデル／単語音声認識と記述文法に基づく音声認識／統計的言語モデル／大語彙連続音声認識アルゴリズム／音声データベース／音声認識システムの実現例／付録　大語彙連続音声認識エンジン Julius

ヒューマンコンピュータインタラクション（改訂2版）
岡田謙一・西田正吾・葛岡英明・仲谷美江・塩澤秀和　共著　■ A5判・260頁・本体2800円【税別】
■ 主要目次
人間とヒューマンコンピュータインタラクション／対話型システムのデザイン／入力インタフェース／ビジュアルインターフェース／人と人工物のコミュニケーション／空間型インターフェース／協同作業支援のためのマルチユーザインタフェース／インタフェースの評価

ソフトウェア開発（改訂2版）
小泉寿男・辻 秀一・吉田幸二・中島 毅　共著　■ A5判・244頁・本体2800円【税別】
■ 主要目次
ソフトウェアの性質と開発の課題／ソフトウェア開発プロセス／要求分析／ソフトウェア設計／プログラミング／テストと保守／オブジェクト指向／ソフトウェア再利用／プロジェクト管理と品質管理／ソフトウェア開発規模と工数見積り

もっと詳しい情報をお届けできます。
※書店に商品がない場合または直接ご注文の場合にも右記宛にご連絡ください。

ホームページ https://www.ohmsha.co.jp/
TEL/FAX TEL.03-3233-0643　FAX.03-3233-3440

（本体価格は変更される場合があります）

IT Text シリーズ　　　　　　　　　　　　　　　　　　　　情報処理学会 編集

情報と職業（改訂2版）
駒谷昇一・辰己丈夫　共著　　■ A5判・232頁・本体2500円【税別】

■ 主要目次
情報社会と情報システム／情報化によるビジネス環境の変化／企業における情報活用／インターネットビジネス／働く環境と労働観の変化／情報社会における犯罪と法制度／情報社会におけるリスクマネジメント／明日の情報社会

情報通信ネットワーク
阪田史郎・井関文一・小高知宏・甲藤二郎・菊池浩明・塩田茂雄・長 敬三　共著
■ A5判・288頁・本体2800円【税別】

■ 主要目次
情報通信ネットワークとインターネット／アプリケーション層／トランスポート層／ネットワーク層／データリンク層とLAN／物理層／無線ネットワークと移動体通信／ストリーミングとQoS制御／ネットワークセキュリティ／ネットワーク管理

数理最適化
久野誉人・繁野麻衣子・後藤順哉　共著　　■ A5判・272頁・本体3300円【税別】

■ 主要目次
数理最適化とは／線形計画問題／ネットワーク最適化問題／非線形計画問題／組合せ最適化問題／付録　数学に関する補足

メディア学概論
山口治男　著　　■ A5判・172頁・本体2400円【税別】

■ 主要目次
メディアの基礎／メディア発展の歴史／メディアの構造とコミュニケーションの形態／ディジタルメディア技術／オーディオコンテンツのディジタル化／画像・映像コンテンツのディジタル化／コンピュータグラフィックス／コミュニケーションのディジタル化／インターネット応用サービス技術／メディアに関わる産業／インターネットとビジネスモデル／ディジタルメディアに関する問題

離散数学
松原良太・大嶌彰昇・藤田慎也・小関健太・中上川友樹・佐久間雅・津垣正男　共著
■ A5判・256頁・本体2800円【税別】

■ 主要目次
集合・写像・関係／論理と証明／数え上げ／グラフと木／オートマトン／アルゴリズムと計算量／数論

確率統計学
須子統太・鈴木 誠・浮田善文・小林 学・後藤正幸　共著　　■ A5判・264頁・本体2800円【税別】

■ 主要目次
データのまとめ方／集合と事象／確率／確率分布と期待値／標本分布とその性質／正規母集団からの標本分布／統計的推定／仮説検定／多変量データの分析／確率モデルと学習／付録　統計数値表

HPCプログラミング
寒川 光・藤野清次・長嶋利夫・高橋大介　共著　　■ A5判・256頁・本体2800円【税別】

■ 主要目次
HPCプログラミング概説／有限要素法と構造力学／数値線形代数／共役勾配法／FFT／付録　Calcompインターフェースの作画ライブラリ

ユビキタスコンピューティング
松下 温・佐藤明雄・重野 寛・屋代智之　共著　　■ A5判・232頁・本体2800円【税別】

■ 主要目次
ユビキタスコンピューティング／無線通信の基礎／モバイルネットワーク／モバイルインターネット／ワイヤレスアクセス／衛星／RFIDタグ（非接触ICカード）とその応用

もっと詳しい情報をお届けできます。　ホームページ　https://www.ohmsha.co.jp/
◎書店に商品がない場合または直接ご注文の場合は右記宛にご連絡ください。　TEL／FAX　TEL.03-3233-0643　FAX.03-3233-3440

（本体価格は変更される場合があります）